工业互联网技术专业"十三五"规划教材
产教融合系列教程
应用型人才终身学习计划

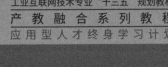

工业互联网与机器人技术应用初级教程

总主编　张明文
主　编　王璐欢　高文婷
副主编　黄建华　顾三鸿　何定阳

教学视频+电子课件+技术交流

哈尔滨工业大学出版社
HARBIN INSTITUTE OF TECHNOLOGY PRESS

内 容 简 介

本书主要介绍工业互联网技术和机器人技术的基础知识及应用,共分三部分:第一部分围绕工业互联网的发展历程、定义、特点、技术体系及平台架构等方面,全面介绍工业互联网的基础理论和关键技术;第二部分介绍机器人技术的基础理论及行业应用,并介绍了工业机器人视觉技术及智能移动机器人技术;第三部分介绍工业互联网技术在机器人领域的综合应用。通过对本书的学习,读者能够对工业互联网技术及工业互联网技术在机器人领域的产业应用有一个全面清晰的认识。

本书可作为工业互联网、机电一体化、电气自动化及机器人技术等相关专业的教材,也可供从事相关行业的技术人员参考使用。

图书在版编目(CIP)数据

工业互联网与机器人技术应用初级教程 / 王璐欢,高文婷主编. —哈尔滨:哈尔滨工业大学出版社,2020.6(2023.1 重印)
产教融合系列教程 / 张明文总主编
ISBN 978-7-5603-8863-2

Ⅰ.①工… Ⅱ.①王… ②高… Ⅲ.①互联网络—应用—工业发展—教材 ②工业机器人—教材 Ⅳ.①F403-39 ②TP242.2

中国版本图书馆 CIP 数据核字(2020)第 099251 号

策划编辑	王桂芝　张　荣
责任编辑	张　荣　陈雪巍
出版发行	哈尔滨工业大学出版社
社　　址	哈尔滨市南岗区复华四道街 10 号 邮编 150006
传　　真	0451-86414749
网　　址	http://hitpress.hit.edu.cn
印　　刷	哈尔滨市石桥印务有限公司
开　　本	787mm×1092mm　1/16　印张 14　字数 300 千字
版　　次	2020 年 6 月第 1 版　2023 年 1 月第 2 次印刷
书　　号	ISBN 978-7-5603-8863-2
定　　价	42.00 元

(如因印装质量问题影响阅读,我社负责调换)

编审委员会

主　　任　张明文

副 主 任　王璐欢　黄建华

委　　员　（按姓氏首字母排序）

　　　　　董　璐　高文婷　顾三鸿　何定阳
　　　　　华成宇　李金鑫　李　闻　刘华北
　　　　　宁　金　潘士叔　滕　武　王　伟
　　　　　王　艳　夏秋霢　学　会　杨浩成
　　　　　殷召宝　尹　政　喻　杰　张盼盼
　　　　　章　平　郑宇琛　周明明

前　言

工业互联网是互联网和新一代信息技术与工业系统全方位深度融合所形成的产业和应用生态，是工业智能化发展的关键综合信息基础设施。当前，新一轮科技革命和产业变革蓬勃兴起，工业经济数字化、网络化、智能化发展成为第四次工业革命的核心内容。工业互联网作为数字化转型的关键支撑力量，正在全球范围内不断颠覆传统制造模式、生产组织方式和产业形态，推动传统产业加快转型升级、新兴产业加速发展壮大。

工业互联网是"中国制造2025"的重要组成部分。"中国制造2025"的主攻方向是智能制造，以推动信息技术与制造技术融合为重点，强调互联网技术在未来智能制造工业体系中的应用。机器人是先进制造业的重要支撑装备，也是未来智能制造业的关键切入点，工业机器人作为机器人家族中的重要一员，是目前技术最成熟、应用最广泛的一类机器人。工业机器人的研发和产业化应用是衡量科技创新和高端制造发展水平的重要标志，发达国家已经把工业机器人产业发展作为抢占未来制造业市场、提升竞争力的重要途径。目前，在汽车工业、电子电器行业、工程机械等众多行业大量使用工业机器人自动化生产线，在保证产品质量的同时，改善了工作环境，提高了社会生产效率，有力推动了企业和社会生产力发展。

在工业互联网与制造业融合的关键阶段，越来越多企业将面临"设备易得、人才难求"的尴尬局面，所以，要实现"互联网+先进制造业"，人才培育要先行。国务院《深化"互联网+先进制造业"发展工业互联网的指导意见》指出，要加快工业互联网人才培育，补齐人才结构短板，充分发挥人才支撑作用。为了更好地推广工业互联网与机器人技术的应用，亟需编写一本系统、全面的工业互联网与机器人技术入门教材。

本书的主要内容分为三部分：工业互联网、工业机器人及工业互联网综合应用。第一部分围绕工业互联网的发展历程、定义、特点、技术体系及平台架构等方面，全面介绍了工业互联网的基础知识，并着重分析了工业互联网的关键基础技术。第二部分介绍了工业机器人技术的基础知识和技术前沿，包括工业机器人视觉技术及智能移动机器人。第三部分基于一个具体项目——工业机器人云监测与维护系统，介绍了工业互联网在机器人领域的综合应用。本书依据初学者的学习需要科学设置知识点，倡导实用性教学，有助于激发学生的学习兴趣，提高教学效率，便于初学者在短时间内全面、系统地了解工业互联网和机器人的基本知识。

本书图文并茂，通俗易懂，实用性强，既可作为高职高专工业互联网、机电一体化、电气自动化、机器人工程、工业机器人技术等相关专业的教材，也可供从事相关行业的技术人员参考使用。为了提高教学效果，在教学方法上，建议采用启发式教学，开放性学习，重视小组讨论；在学习过程中，建议结合本书配套的教学辅助资源，如教学课件及视频素材、教学参考与拓展资料等。

限于编者水平，书中难免存在疏漏及不足之处，敬请读者批评指正。任何意见和建议可反馈至 E-mail:edubot_zhang@126.com。

编 者
2020 年 4 月

目 录

第一部分 工业互联网

第1章 绪论 1
1.1 国外工业互联网发展概况 1
1.1.1 美国工业互联网 1
1.1.2 德国工业4.0 4
1.1.3 日本互联工业 7
1.2 国内工业互联网发展概况 9
1.2.1 "中国制造2025" 9
1.2.2 工业互联网的提出 11
1.2.3 工业互联网发展概况 13
1.2.4 工业互联网建设意义 14
1.3 工业互联网的行业应用 15
1.3.1 轻工家电行业 15
1.3.2 高端装备制造行业 17
1.3.3 电子信息行业 19
1.3.4 工程机械行业 21
1.4 工业互联网人才培养 24
1.4.1 人才分类 24
1.4.2 职业规划 25
小 结 27
思考题 27

第2章 工业互联网技术体系 28
2.1 工业互联网概述 28
2.1.1 工业互联网定义 28
2.1.2 工业互联网的核心要素 29

2.2 工业互联网与智能制造 ... 30
2.2.1 智能制造的定义与特点 ... 30
2.2.2 工业互联网与智能制造 ... 32
2.3 工业互联网体系架构 ... 33
2.4 工业互联网技术体系 ... 35
2.4.1 网络体系 ... 35
2.4.2 数据体系 ... 44
2.4.3 安全体系 ... 47
小　结 ... 51
思考题 ... 51

第3章　工业互联网平台概述 ... 52

3.1 工业互联网平台的概念 ... 52
3.1.1 工业互联网平台的定义 ... 52
3.1.2 工业互联网平台的特点 ... 53
3.2 工业互联网平台体系架构 ... 53
3.2.1 边缘层 ... 54
3.2.2 基础设施层 ... 54
3.2.3 平台层 ... 55
3.2.4 应用层 ... 56
3.3 工业互联网平台应用 ... 56
3.3.1 生产过程优化 ... 56
3.3.2 管理决策优化 ... 57
3.3.3 资源配置优化 ... 59
3.3.4 产品全生命周期优化 ... 60
3.4 工业互联网平台产业生态 ... 61
3.4.1 工业互联网平台产业体系 ... 61
3.4.2 工业互联网平台发展路径 ... 61
3.5 典型工业互联网平台介绍 ... 62
3.5.1 INDICS 平台 ... 62
3.5.2 根云平台 ... 63
3.5.3 ET 工业大脑平台 ... 64
3.5.4 MindSphere 平台 ... 65
小　结 ... 66
思考题 ... 66

第4章 工业互联网关键技术 …… 68

4.1 自动识别技术 …… 68
4.1.1 自动识别技术概述 …… 68
4.1.2 典型自动识别技术介绍 …… 69

4.2 传感器技术 …… 78
4.2.1 传感器技术概述 …… 78
4.2.2 常用传感器介绍 …… 79

4.3 无线传感网络技术 …… 81
4.3.1 无线传感网络技术概述 …… 81
4.3.2 无线传感网络技术的应用 …… 83

4.4 物联网技术 …… 84
4.4.1 物联网技术概述 …… 84
4.4.2 物联网技术的应用 …… 87

4.5 工业网络通信技术 …… 88
4.5.1 工业网络通信技术概述 …… 88
4.5.2 工业有线通信技术 …… 89
4.5.3 工业无线通信技术 …… 91

4.6 云计算技术 …… 94
4.6.1 云计算技术概述 …… 94
4.6.2 云计算的服务模式 …… 97

4.7 大数据技术 …… 100
4.7.1 大数据技术概述 …… 100
4.7.2 大数据技术的应用 …… 103

4.8 数字孪生技术 …… 104
4.8.1 数字孪生技术概述 …… 104
4.8.2 数字孪生技术的应用 …… 107

4.9 人工智能技术 …… 110
4.9.1 人工智能技术概述 …… 111
4.9.2 人工智能技术方向 …… 112

小 结 …… 115
思考题 …… 115

第二部分　工业机器人

第5章　工业机器人概述 ... 117

5.1　机器人的认知 ... 117
5.1.1　机器人术语的来历 ... 118
5.1.2　机器人三原则 ... 118
5.1.3　机器人的分类和应用 ... 118
5.2　工业机器人定义和特点 ... 120
5.3　工业机器人分类 ... 120
5.4　工业机器人发展概况 ... 125
5.4.1　国外发展概况 ... 125
5.4.2　国内发展概况 ... 127
5.4.3　发展现状分析 ... 128
5.5　主要技术参数 ... 129
5.6　工业机器人与工业互联网 ... 134
小　结 ... 135
思考题 ... 136

第6章　工业机器人行业应用 ... 137

6.1　工业机器人行业应用概述 ... 137
6.2　搬运机器人 ... 139
6.2.1　搬运机器人的分类 ... 139
6.2.2　搬运机器人工作站的系统组成 ... 141
6.3　焊接机器人 ... 142
6.3.1　焊接机器人的分类 ... 142
6.3.2　焊接机器人工作站的系统组成 ... 146
6.4　喷涂机器人 ... 154
6.4.1　喷涂机器人的分类 ... 154
6.4.2　喷涂机器人工作站的系统组成 ... 155
6.5　打磨机器人 ... 157
6.5.1　打磨机器人的分类 ... 157
6.5.2　打磨机器人工作站的系统组成 ... 158
小　结 ... 161

思考题······161

第7章 工业机器人视觉技术应用······162

7.1 工业机器人视觉功能······162
7.1.1 引导······162
7.1.2 检测······163
7.1.3 测量······164
7.1.4 识别······164

7.2 工业机器人视觉系统概述······165
7.2.1 基本组成······165
7.2.2 工作过程······166
7.2.3 相机安装······167

7.3 工业机器人视觉技术基础······168
7.3.1 视觉系统成像原理······168
7.3.2 数字图像基础······172

7.4 工业机器人视觉行业应用······175
7.4.1 汽车领域······175
7.4.2 电子及半导体领域······176
7.4.3 食品和饮料领域······177

小 结······178

思考题······178

第8章 智能移动机器人······179

8.1 智能机器人······179
8.1.1 概念及特点······179
8.1.2 智能机器人基本要素······180

8.2 智能移动机器人概述······180
8.2.1 概念及分类······181
8.2.2 发展历程······181
8.2.3 结构组成······184

8.3 智能移动平台······184
8.3.1 概念及特点······184
8.3.2 控制系统组成······185
8.3.3 导航导引技术······187

8.4 协作机器人·····189
8.4.1 概念及特点·····189
8.4.2 行业应用·····191
小　结·····193
思考题·····193

第三部分　工业互联网综合应用

第9章　工业互联网综合应用项目·····195
9.1 项目目的·····195
9.1.1 项目背景·····195
9.1.2 项目目的·····196
9.2 项目分析·····196
9.2.1 项目架构·····196
9.2.2 项目流程·····197
9.3 项目要点·····198
9.3.1 工业数据采集技术基础·····198
9.3.2 工业智能网关技术基础·····199
9.3.3 工业互联网平台技术基础·····200
9.4 项目步骤·····201
9.4.1 应用系统连接·····201
9.4.2 设备数据采集·····203
9.4.3 应用模块开发·····204
9.4.4 智能管理APP开发·····206
9.5 项目总结·····206
9.5.1 项目评价·····206
9.5.2 项目拓展·····207
小　结·····207
思考题·····207

参考文献·····208

第一部分　工业互联网

第1章　绪　论

当前,新一轮科技革命和产业变革蓬勃兴起,工业经济数字化、网络化、智能化发展成为第四次工业革命的核心内容。工业互联网作为数字化转型的关键支撑力量,正在全球范围内不断颠覆传统制造模式、生产组织方式和产业形态,推动传统产业加快转型升级、新兴产业加速发展壮大。

1.1　国外工业互联网发展概况

为了确保在未来新一轮工业发展浪潮中抢占先机,维持国际制造业竞争中的优势地位,美国、德国、日本等主要工业强国纷纷布局工业互联网。美国由顶尖企业引领,提出工业互联网的概念;德国依靠自身装备制造领域的深厚积累,提出"工业4.0"对标美国工业互联网;日本基于自身社会现实,实施"互联工业"战略,建设符合日本实际的工业互联网体系。

※ 工业互联网发展概况

1.1.1　美国工业互联网

1. 背景

20世纪80年代以来,随着经济全球化、国际产业转移及虚拟经济不断深化,美国产业结构发生了深刻的变化,制造业日益衰退,"去工业化"趋势明显,虽然美国制造业增加值逐年提高,但制造业增加值占国内生产总值的比重却在逐年下降。

2008年金融危机后,美国意识到了发展实体经济的重要性,提出了"再工业化"的口号,主张发展制造业,减少对金融业的依赖。美国工业互联网的提出背景,如图1.1所示。

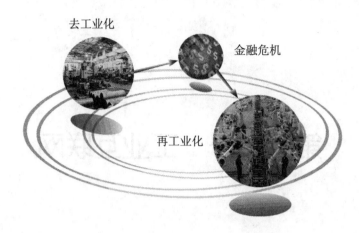

图 1.1 美国工业互联网的提出背景

2. 工业互联网概念的提出

2012 年,"工业互联网"的概念由美国通用电气公司首先提出,目标是通过智能机器之间的全面互联达成设备与设备之间的数据连通,让机器、设备和网络能在更深层次与信息世界的大数据和分析连接在一起,最终实现通信、控制和计算的集合。在实现手段上,美国工业互联网概念注重软件、网络、数据等信息对企业经营与顶层设计的增强。

2014 年,通用电气公司推出 Predix 工业互联网平台,实现了工业互联网在制造业企业的应用。

3. 发展概况

2011 年 6 月美国启动《先进制造伙伴计划》,2012 年 2 月进一步提出《先进制造业国家战略计划》,鼓励发展高新技术平台、先进制造工艺、数据基础设施等工业互联网基础技术。

2013 年 1 月,美国提出《国家制造业创新网络:一个初步设计》,组建美国制造业创新网络平台,并在平台上推动数字化制造等高端制造发展。

2014 年 3 月,美国制造业龙头企业和政府机构牵头成立工业互联网联盟(Industrial Internet Consortium,简称 IIC),合力进行工业互联网的推广以及标准化工作。工业互联网联盟开发了 9 种旨在展示工业互联网应用的"Testbed"测试平台以推广工业互联网应用,给各企业提供测试工业互联网技术的有效工具。工业互联网联盟同时开发了工业互联网参考架构模型(Industrial Internet Reference Architecture,简称 IIRA)和标准词库(Industrial Internet Vocabulary),为标准化的发展奠定了基础。

2019 年 6 月,工业互联网联盟公布了工业互联网参考架构 IIRA 1.9,进一步完善了工业互联网标准化体系建设,如图 1.2 所示。该参考架构对工业互联网关键属性和跨行业共性的架构问题与系统特征进行分析,并将分析结果通过模型等方式表达出来,因此该架构能广泛地适用于各个行业。

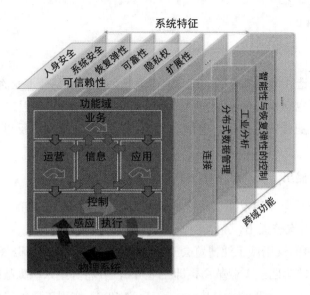

图 1.2　美国工业互联网参考架构 IIRA 1.9

在工业互联网联盟等组织的推动下,美国工业互联网标准化稳步推进,为未来的全面互联提供了良好的契机。美国工业互联网的发展概况见表 1.1。

表 1.1　美国工业互联网发展概况

时间	事　件
2012 年	通用电气公司发布《工业互联网:突破智慧和机器的界限》白皮书,首次提出"工业互联网"的概念
2013 年	美国政府发布《国家制造业创新网络:一个初步设计》,提出组建制造业创新网络的初步框架
2014 年	通用电气公司推出 Predix 工业互联网平台,实现了工业互联网在制造业企业内的应用
2014 年	美国政府发布《振兴美国先进制造业》报告,鼓励发展高新技术平台、先进制造工艺、数据基础设施等工业互联网基础技术
2014 年	工业互联网联盟成立,目前该联盟已汇聚 33 个国家/地区近 300 家成员单位,主要包括工业自动化解决方案企业、制造企业,以及信息通信企业
2015 年	工业互联网联盟发布工业互联网参考架构 IIRA 1.0 版本,致力于协助工业互联网解决方案架构设计,及可互操作的工业互联网系统的部署
2016 年	工业互联网联盟发布工业互联网安全框架,用于指导企业进行工业互联网安全措施部署
2019 年	工业互联网联盟发布最新的工业互联网参考架构 IIRA 1.9 版本,进一步完善了工业互联网标准化体系建设

1.1.2 德国工业 4.0

1. 背景

德国是装备制造业最具竞争力的国家之一，长期专注于复杂工业流程的管理和创新，其在信息技术方面也有极强的竞争力，在嵌入式系统和自动化工程方面处于世界领先地位。为了稳固其工业强国的地位，德国对本国工业产业链进行了反思与探索，工业 4.0 构想由此产生。

2. 工业 4.0 的提出

2010 年 7 月，德国政府发布《高技术战略 2020》，作为该战略的一个重要组成部分，工业 4.0 的概念被首次被提出。

在 2013 年 4 月的汉诺威工业博览会上，德国联邦教研部与联邦经济技术部正式推出以智能制造为主导的第四次工业革命，即工业 4.0，并将其纳入国家战略。工业 4.0 提出基于信息物理系统（Cyber-Physical Systems，简称 CPS）实现工厂智能化生产，让工厂直接与消费需求对接。

CPS 是一个综合了计算、通信、控制技术的多维复杂系统，如图 1.3 所示。CPS 将物理设备连接到互联网上，让物理设备具有计算、通信、精确控制、远程协调和自治五大功能，从而实现虚拟网络世界与现实物理世界的融合。CPS 可将资源、信息、物体以及人紧密联系在一起，如图 1.4 所示。

图 1.3 信息物理系统组成

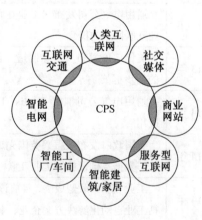
图 1.4 信息物理系统网络

在智能工厂中，CPS 将现实世界以网络连接，采集分析设计、开发、生产过程中的数据，构成自律的、动态的智能生产系统，工业 4.0 的概念内涵如图 1.5 所示。在 CPS 中，每个工作站（工业机器人、机床等）都能够在网络上实时互联，根据信息自主切换最佳的生产方式，最大限度地杜绝浪费。德国工业 4.0 更加关注现实生产层面的效率提高和智能化，与美国关注网络和互联的工业互联网概念有所区别。

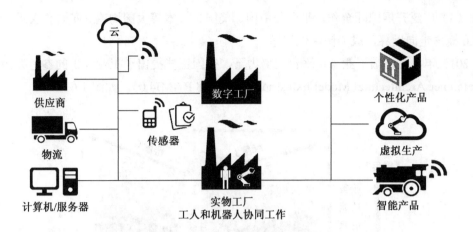

图 1.5 工业 4.0 的概念内涵

工业 4.0 将无处不在的传感器、嵌入式终端系统、智能控制系统、通信设施通过 CPS 形成智能网络，使人与人、人与机器、机器与机器以及服务与服务之间能够互联，从而实现纵向集成、数字化集成和横向集成。

（1）纵向集成。纵向集成关注产品的生产过程，力求在智能工厂内通过联网建成生产的纵向集成。

（2）数字化集成。数字化集成关注产品整个生命周期的不同阶段，包括设计与开发、安排生产计划、管控生产过程以及产品的售后维护等，实现各个阶段之间的信息共享，从而达成工程数字化集成。

（3）横向集成。横向集成关注全社会价值网络的实现，从产品的研究、开发与应用拓展至建立标准化策略、提高社会分工合作的有效性、探索新的商业模式以及考虑社会的可持续发展等，从而达成德国制造业的横向集成。

3. 工业 4.0 的发展

德国行业联合会与政府紧密合作，在推广工业 4.0 的过程中起到重要作用。2013 年 4 月，德国机械及制造商协会、德国信息技术、通讯与新媒体协会、德国电子电气制造商协会等行业协会合作设立了"工业 4.0 平台"，作为德国工业互联战略的合作组织。该平台向德国政府提交了平台工作组的最终报告——《保障德国制造业的未来——关于实施工业 4.0 战略的建议》，明确了德国在向工业 4.0 进化的过程中要采取双重策略，即成为智能制造技术的主要供应商和 CPS 的领先市场。

德国工业 4.0 平台主要从以下三个方面积极推动工业 4.0 的发展：

（1）在线图书馆作为工业 4.0 知识传播的节点，汇集了最新的工业知识以及相关研究成果和政府政策，为企业应用提供参考。

（2）用户案例以及"工业 4.0 地图"集中展示了工业 4.0 在德国以及其他国家的成功应用，让公众了解到工业 4.0 的最新进展。

（3）广泛开展国际合作，平台与中国、美国、日本等大国均建立了合作关系，让工业 4.0 概念走向世界，成为国际性议题。

2015 年，在德国工业 4.0 平台的努力下，德国正式提出了工业 4.0 的参考架构模型（Reference Architectural Model Industries 4.0，简称 RAMI4.0），如图 1.6 所示。

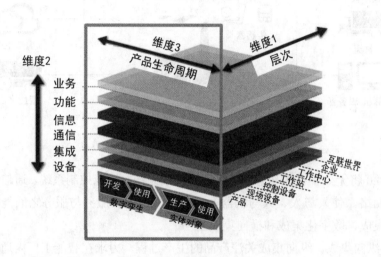

图 1.6　工业 4.0 参考架构模型（RAMI4.0）

RAMI4.0 模型由三个维度组成：

（1）维度 1 由个体工厂拓展至"互联世界"，体现了工业 4.0 针对产品服务和企业协同的要求。

（2）维度 2 描述了 CPS 的层级，以及各层级的功能。

（3）维度 3 从产品生命周期视角出发，描述了以零部件、机器和工厂为典型代表的工业生产要素从数字孪生到实体对象的全过程，强调了各类工业生产要素都要有虚拟和实体两个部分，体现了全要素数字孪生的特征。

4. 德国工业 4.0 与美国工业互联网的关系

德国工业 4.0 和美国工业互联网虽然在叫法上不同，但在本质上两者具有一致性，强调的都是加强企业信息化、智能化和一体化的建设。

2017 年 9 月，美国工业互联网联盟与德国工业 4.0 平台共同发布了一份关于美国工业互联网和德国工业 4.0 对接分析的白皮书，指出美国工业互联网与德国工业 4.0 在概念、方法和模型等方面有不少相互对应和相似之处，而差异之处的互补性也很强，相互之间可以取长补短。未来两国会在工业互联网领域加强国际合作，合力推动国内和国际工业互联网以及智能制造的发展。

1.1.3 日本互联工业

1. 背景

制造业面临的竞争压力促使日本提出符合自身需要的工业互联网概念。日本面临人口老龄化，劳动人口不足的问题；来自美国和德国的先进制造业竞争使得日本企业压力巨大；工业互联网和工业 4.0 概念的提出给日本提供了战略上的参考。基于现实压力和日本自身在技术上的积累，日本于 2017 年 3 月份在德国汉诺威通信展会上正式提出"互联工业"（Connected Industries）的概念。

2. 互联工业的内容

作为日本国家战略层面的产业愿景，互联工业强调"通过各种关联，创造新的附加值的产业社会"，包括物与物的连接、人和设备及系统之间的协同、人和技术相互关联、已有经验和知识的传承，以及生产者和消费者之间的关联。在整个数字化进程中，需要充分发挥日本优势，构筑一个以解决问题为导向、以人为本的新型产业社会。

日本互联工业有三个核心内容：

（1）人与设备和系统交互。

（2）通过合作与协调解决工业新挑战。

（3）积极培养具有数字化意识和能力的高级人才。

与美国工业互联网、德国工业 4.0 更关注企业内部的互联与智能化不同，日本互联工业另辟蹊径，关注企业之间的互联、互通，从而提升全行业的生产效率。

3. 工业价值链参考架构

与美国工业互联网参考架构 IIRA、德国工业 4.0 框架 RAMI4.0 类似，日本也于 2016 年 12 月发布了自身的互联工业参考架构——工业价值链参考架构（Industrial Value Chain Reference Architecture，简称 IVRA）。

IVRA 将智能制造单元（Smart Manufacturing Unit，简称 SMU）作为互联工业微观层面的基本单元，如图 1.7 所示，多个智能制造单元按管理、活动、资产三个维度组合，形成通用功能模块，企业根据自身需要使用通用模块以达成企业所需的实际功能。IVRA 使用"宽松定义标准"，首先改进现有系统，而非完全创立一个全新的复杂互联体系，避免了企业大幅度更改生产方式带来的运营风险。

智能制造单元包含资产、活动、管理三个视角：

（1）资产视角向生产组织展示该智能制造单元的资产或财产，包括人员、过程、产品和设备四种类型，这与 RAMI4.0 模型中的资产基本一致。

（2）活动视角涉及该智能制造单元的人员和设备所执行的各种活动，包括"计划、执行、检验、改善"活动的不断循环。

（3）管理视角说明该智能制造单元实施的目的，并指出管理要素"质量、成本、交付、环境"之间的关系。

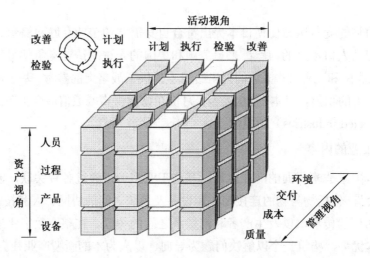

图1.7　工业价值链参考架构（IVRA）的智能制造单元

4. 互联工业重点发展领域

为了推进互联工业，日本经济产业省提出了"东京倡议"，确立了今后的五个重点领域的发展：自动驾驶和移动服务、制造业和机器人、生物技术与材料、工厂/基础设施安保和智慧生活，如图1.8所示。

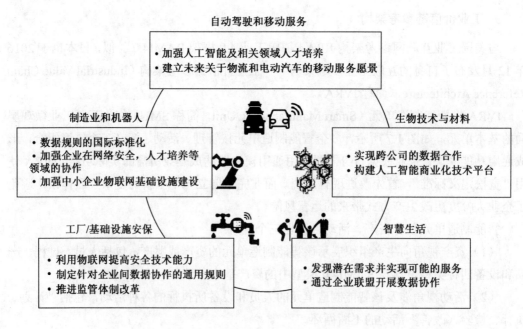

图1.8　互联工业五个重点发展领域

1.2 国内工业互联网发展概况

1.2.1 "中国制造 2025"

制造业是国民经济的基础,是科技创新的主战场,是立国之本、兴国之器、强国之基。当前,全球制造业发展格局和我国经济发展环境发生重大变化,因此必须紧紧抓住当前难得的战略机遇,突出创新驱动,优化政策环境,发挥制度优势,实现中国制造向中国创造转变,中国速度向中国质量转变,中国产品向中国品牌转变。

1. "中国制造 2025"的提出背景

中国制造业规模位列世界第一,门类齐全、体系完整,在支撑中国经济社会发展方面发挥着重要作用。在制造业重新成为全球经济竞争制高点、中国经济逐渐步入中高速增长新常态、中国制造业亟待突破大而不强旧格局的背景下,"中国制造 2025"战略应运而生。

2014 年 10 月,中国和德国联合发表了《中德合作行动纲要:共塑创新》,重点突出了双方在制造业就"工业 4.0"计划的携手合作。双方以中国担任 2015 年德国汉诺威消费电子、信息及通信博览会合作伙伴国为契机,推进两国在移动互联网、物联网、云计算、大数据等领域的合作。

借鉴德国的工业 4.0 计划,我国主动应对新一轮科技革命和产业变革,在 2015 年出台"中国制造 2025",并在部分地区已经展开了试点工作。

2. "中国制造 2025"的内容

(1)"三步走"战略。

"中国制造 2025"提出中国从制造业大国向制造业强国转变的战略目标,通过信息化和工业化深度融合来引领和带动整个制造业的发展。通过"三步走"实现我国的战略目标:

第一步,力争用十年时间,迈入制造强国行列。到 2025 年,制造业整体素质大幅提升,创新能力显著增强,全员劳动生产率明显提高,工业化和信息化融合迈上新台阶。

第二步,到 2035 年,我国制造业整体达到世界制造强国阵营中等水平。创新能力大幅提升,重点领域发展取得重大突破,整体竞争力明显增强,优势行业形成全球创新引领能力,全面实现工业化。

第三步,新中国成立一百年时,制造业大国地位更加巩固,综合实力进入世界制造强国前列。制造业主要领域具有创新引领能力和明显竞争优势,建成全球领先的技术体系和产业体系。

(2)基本原则和方针。

围绕实现制造强国的战略目标,"中国制造 2025"明确了四项基本原则和五项基本方针，如图 1.9、图 1.10 所示。

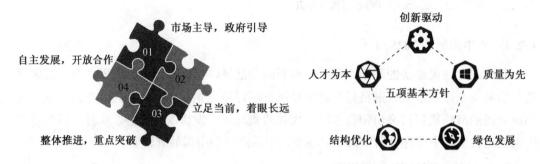

图 1.9　四项基本原则　　　　　　　图 1.10　五项基本方针

（3）五大工程。

"中国制造 2025"将重点实施五大工程，如图 1.11 所示。

➢ 国家制造业创新中心建设工程。重点开展行业基础和共性关键技术研发、成果产业化、人才培训等工作；2015 年建成 15 家，2020 年建成 40 家制造业创新中心。

➢ 智能制造工程。开展新一代信息技术与制造装备融合的集成创新和工程应用；建立智能制造标准体系和信息安全保障系统等。

➢ 工业强基工程。以关键基础材料、核心基础零部件（元器件）、先进基础工艺、产业技术基础为发展重点。

➢ 绿色制造工程。组织实施传统制造业能效提升、清洁生产、节水治污等专项技术改造；制定绿色产品、绿色工厂、绿色企业标准体系。

➢ 高端装备创新工程。组织实施大型飞机、航空发动机、智能电网、高端诊疗设备等一批创新和产业化专项、重大工程。

图 1.11　五大工程

(4) 十大重点领域。

"中国制造 2025"提出的十大重点领域,如图 1.12 所示,涉及领域无不属于高技术产业和先进制造业领域。

图 1.12　十大重点领域

1.2.2　工业互联网的提出

工业互联网是"中国制造 2025"的重要组成部分。"中国制造 2025"的主攻方向是智能制造,以推动信息技术与制造技术融合为重点,强调互联网技术在未来工业体系中的应用。"中国制造 2025"对工业互联网这一重要基础进行了具体规划:加强工业互联网基础设施建设,建设低时延、高可靠、广覆盖的工业互联网,以提升企业宽带接入信息网络的能力;在此基础上针对企业需求,组织开发智能控制系统、工业应用及故障诊断软件、传感系统和通信协议;最终实现人、设备与产品的实时联通、精确识别、有效交互与智能控制。

2015 年十二届全国人大三次会议政府工作报告中首次提出"互联网+"计划,推动互联网、大数据、物联网与云计算和现代制造业的结合,发展新经济,实现从工业大国向工业强国的迈进。

2017 年 11 月,国务院印发《关于深化"互联网+先进制造业"发展工业互联网的指导意见》(以下简称《意见》),《意见》指出,工业互联网作为新一代信息技术与制造业深度融合的产物,日益成为新工业革命的关键支撑和深化"互联网+先进制造业"的重要基石,对未来工业发展产生全方位、深层次、革命性影响。工业互联网通过系统构建网络、平台、安全三大功能体系,打造人、机、物全面互联的新型网络基础设施,形成智能化发展的新兴业态和应用模式,是推进制造强国和网络强国建设的重要基础,是全面建成小康社会和建设社会主义现代化强国的有力支撑。

1. 发展目标

《意见》提出工业互联网的三个阶段性发展目标,如图 1.13 所示。

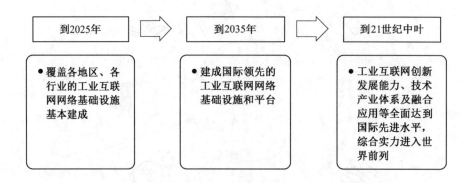

图 1.13　工业互联网的三个阶段性发展目标

2. 七项重点工程

《意见》部署了七项重点工程:

(1)工业互联网基础设施升级改造工程。组织实施工业互联网工业企业内网、工业企业外网和标识解析体系的建设升级。

(2)工业互联网平台建设及推广工程。开展四个方面建设和推广:一是工业互联网平台培育;二是工业互联网平台试验验证;三是百万家企业上云;四是百万工业 APP 培育。

(3)标准研制及试验验证工程。面向工业互联网标准化需求和标准体系建设,开展工业互联网标准研制。

(4)关键技术产业化工程。加快工业互联网关键网络设备产业化;研发推广关键智能网联装备,围绕数控机床、工业机器人、大型动力装备等关键领域,实现智能控制、智能传感、工业级芯片与网络通信模块的集成创新,形成一系列具备联网、计算、优化功能的新型智能装备;开发工业大数据分析软件。

(5)工业互联网集成创新应用工程。在智能化生产应用方面,鼓励大型工业企业实现内部各类生产设备与信息系统的广泛互联及相关工业数据的集成互通,并在此基础上发展质量优化、智能排产、供应链优化等应用。

(6)区域创新示范建设工程。开展工业互联网创新中心及产业示范基地建设。

(7)安全保障能力提升工程。打造工业互联网安全监测预警和防护处置平台、工业互联网安全核心技术研发平台及工业互联网安全测试评估平台等。

3. 行动计划

2018年5月，工业和信息化部印发了《工业互联网发展行动计划（2018—2020年）》，提出到2020年底，初步建成工业互联网基础设施和产业体系。该计划提出了八项重点行动，分别为：基础设施能力提升行动、标识解析体系构建行动、工业互联网平台建设行动、核心技术标准突破行动、新模式新业态培育行动、产业生态融通发展行动、安全保障水平增强行动、开放合作实施推进行动。

1.2.3 工业互联网发展概况

2015年5月，国务院出台的"中国制造2025"计划正式拉开了我国工业互联网发展的序幕，确立了我国由制造大国转为制造强国的发展目标。

1. 工业互联网相关政策

自2015年以来，我国政府为推动工业互联网发展，先后出台一系列政策，见表1.2。

表1.2 工业互联网相关政策

时间	文件名称	内容要点
2015年	国务院《关于积极推进"互联网+"行动的指导意见》	提出推动互联网与制造业融合，提升制造业数字化、网络化、智能化水平，加强产业链协作
2016年	国务院《关于深化制造业与互联网融合发展的指导意见》	提出充分释放"互联网+"的力量，改造提升传统动能，培育新的经济增长点，加快推动"中国制造"提质增效升级，实现从工业大国向工业强国迈进
2017年	国务院《关于深化"互联网+先进制造业"发展工业互联网的指导意见》	提出加快建设和发展工业互联网，推动互联网、大数据、人工智能和实体经济深度融合，发展先进制造业，支持传统产业优化升级
2018年	工信部《工业互联网平台建设及推广指南》	提出到2020年，培育10家左右的跨行业跨领域工业互联网平台和一批企业级工业互联网平台
2018年	工信部《工业互联网发展行动计划(2018—2020年)》	提出到2020年底我国将实现"初步建成工业互联网基础设施和产业体系"的发展目标，具体包括建成约5个标识解析国家顶级节点、遴选约10个跨行业、跨领域平台
2019年	工信部《工业互联网网络建设及推广指南》	初步建成工业互联网基础设施和技术产业体系，形成先进、系统的工业互联网网络技术体系和标准体系等
2019年	《2019年国务院政府工作报告》	报告提出打造工业互联网平台，拓展"智能+"，为制造业转型升级赋能

2. 工业互联网产业联盟

2016年2月,我国成立工业互联网产业联盟,该联盟立足于为推动"中国制造2025"和"互联网+"融合发展提供必要支撑。

2016年8月,中国工业互联网产业联盟发布了《工业互联网标准体系框架》,提出了工业互联网的标准体系框架、重点标准化方向以及标准化推进建议。该文件从网络连接、标识解析、平台支撑、数据管理和安全五大方面,对工业互联网的建设和运行设立了统一的标准,为工业互联网平台发展提供基础支撑。

2017年2月,中国工业互联网产业联盟发布了《工业互联网体系架构(版本1.0)》,从顶层设计的角度为工业互联网发展路径提供指导参考意见。《工业互联网体系架构(版本1.0)》在分析业务需求基础上,提出了工业互联网体系架构,指出网络、数据和安全是体系架构的三大核心,如图1.14所示,其中"网络"是工业系统互联和数据传输交换的支撑基础,"数据"是工业智能化的核心驱动,"安全"是网络、数据以及工业融合应用的重要前提。

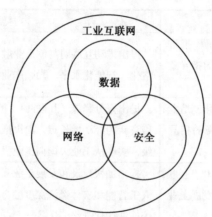

图1.14 工业互联网体系架构的核心

1.2.4 工业互联网建设意义

随着科学技术的飞速发展,工业互联网已成为世界制造业发展的客观趋势,世界上主要工业发达国家正在大力推广和应用。发展工业互联网既符合我国制造业发展的内在要求,也是重塑我国制造业新优势,实现转型升级的必然选择。具体来看,发展工业互联网有以下三点重要意义。

1. 推动全球生产力变革

全球制造业在经历了机械化、电气化、自动化三个历史阶段后,当前正朝着网络化、智能化时代迈进。网络化、智能化的前提首先是构建一张打通制造业信息孤岛、支撑工业大数据安全有序流动的"高速公路网"。这张"高速公路网"在安全、功能、性能等方面都有着更加复杂的要求,现有的民用/商用互联网以及工业控制网都不能完全胜任,必须在各类网络基础之上叠加、融合、创新,即打造全新的工业互联网。

工业互联网的跨界融合特征不仅会带来一系列新的技术创新,还将有力支撑大规模个性定制、开放式协同制造、服务型制造等新模式、新业态得以深度应用和全面普及,进而推动人类生产力实现再一次跃升。

2. 推动我国制造业升级

工业互联网为智能制造提供不可或缺的网络连接,提供工业大数据的采集、传输、计算和分析,提供新模式、新业态发展所必需的信息服务。

工业互联网将为企业研发设计、经营决策、组织管理提供新的工具,为产业链上下游协同提供新的平台,将有力推动我国工业生产方式由粗放低效走向绿色精益、生产组织由分散无序走向协同互通、产业生态由低端初级走向高端完善,进而逐步破解工业发展难题,推动全产业链整体跃升。

加快研制工业互联网前沿关键技术,将使我国在全球新一轮产业变革的竞争中走在前列,改变长期以来我国在技术、产业发展过程中跟随发达国家脚步的态势。

3. 加速我国经济转型升级

工业互联网催生大规模个性化定制、网络协同制造、服务型制造、智能化生产等一系列新模式、新业态,推动产能优化、存量盘活、绿色生产,为我国创造更多新兴经济增长点。

工业互联网打破创新个体的封闭围墙,为分布全国乃至全球的智力资源、制造能力提供了汇聚平台,推动了企业从封闭式创新走向开放式创新,加速了制造业领域的大众创业、万众创新。

1.3 工业互联网的行业应用

目前,工业互联网的应用范围和深度不断扩展,场景已覆盖产品、资产、生产线、商业、企业间等全要素、全价值链和全产业链。本节将以轻工家电、高端装备制造、电子信息、工程机械行业为例,介绍工业互联网的行业应用。

❋ 工业互联网的行业应用

1.3.1 轻工家电行业

家电业是中国民族企业的骄傲,"十二五"时期,中国家电业取得了长足的发展与进步。家电行业发展到现在,随着新一代信息技术的不断成熟和应用以及新的商业模式的成功演变,整个家电行业对工业互联网有着以下四方面的需求:产品智能化需求、广泛联结的需求、大数据挖掘应用的需求和用户参与全流程交互和体验的需求。

(1)产品智能化。通过硬件的升级和软件技术完成整合、互联,使各种智能产品互联互通,并依托云计算和大数据实现人和产品之间、产品与产品之间的交互,最终构建一体化智慧家庭。

（2）广泛联结。智能家电的互联互通包括智能冰箱、洗衣机、电视、空调等各类家电产品能够通过工业互联网相互联接，包括通过工业互联网对其进行整体控制与管理。

（3）大数据挖掘应用。数字经济时代是一个以数据驱动的满足消费者新需求的时代，消费者从以前被动接受服务的角色逆转成为需求的主动提出者。

（4）用户参与全流程交互和体验。大部分家电行业产品的最终用户是消费者，消费者的使用体验和对产品的评价将直接影响家电产品的市场生命力。

目前，工业互联网在家电行业的应用主要体现在以下两方面：用户交互体验以及大规模定制。

1. 用户交互体验

用户交互体验是指产品在送装至终端用户手中后的使用过程中通过与用户进行频繁的交互，持续地了解用户个性化信息，不断为用户提供贴心、个性化的服务，最大限度地提高用户的使用体验，进而让用户持续、深度地参与到以产品为载体的社群生态，为产品的迭代贡献最真实的意见和创意，最终达到用户、企业及生态圈多方多赢的结果，如图 1.15 所示为家电产品用户交互体验优化示例。

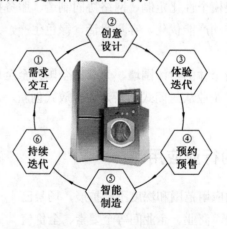

图 1.15　家电产品用户交互体验优化示例

工业互联网以产品为载体，通过产品的联网功能为用户提供交互接入的入口。通过入口，用户可进入产品本身的交互系统和以产品为载体的用户社群平台。产品本身的交互系统为用户提供产品自身的相关参数数据和工作运行的数据，能为用户的维修保养提供主动性的建议；同时该系统还为用户延伸提供与产品功能相关联的上下游功能或生态资源。

2. 大规模定制

工业互联网应用于轻工家电生产工厂可实现端到端的信息化融合、实现信息技术和运营技术的融合、大规模和个性化的融合，通过大规模的高效率、低成本实现了定制的高精度、高品质，通过工业互联网平台实现大规模定制示例如图 1.16 所示。

通过工业互联网平台，实现用户订单直达工厂、设备及生产管理人员，实现用户深度参与制造过程，实现用户与工厂的零距离。智能制造的全过程可通过微信、网络实现线上交互、产品质量及生产全过程的数据透明，同时基于现场无线射频识别技术（RFID）、传感器等，实现了用户订单实时可视，随时随地可知产品的状态。

图 1.16　通过工业互联网平台实现大规模定制示例

1.3.2　高端装备制造行业

高端装备制造行业是我国战略性新兴产业的重要组成部分，是装备制造产业中技术密集度最高的产业，处于产业链的核心部位，属于知识技术密集型、多学科多领域交叉行业，具有很强的竞争力。目前，我国高端装备制造业水平大幅度提升，一批重大装备和技术成果不断涌现，正稳步向自动化、数字化、集成化、网络化和智能化发展。高端装备的主要特点包括产品技术含量高、生产过程复杂、产品价值高。

根据高端装备制造行业的特点，对工业互联网实施的业务需求主要如下：

（1）高效协同研发。在产品的研发设计阶段，高端装备制造业往往涉及跨专业、跨企业、跨地域的网络化协同研发。根据产品研制需求，动态组建项目团队，能够充分发挥企业本身优势，并且最大化地利用协作团队的资源与技术，从而快速高效地研制产品，对于提升制造企业研制能力、提高产品研制质量都具有重要意义。

（2）生产过程管理。在产品的生产制造阶段，高端装备制造企业需要借助工业互联网实现复杂生产过程的管理，有效提升产品的生产质量。通过工业互联网的技术手段，将新一代信息技术与产品生产的全生命周期活动的各个环节相融合，实现自主感知制造信息、智能化决策优化生产过程、精准智能执行控制指令等，提升产品生产过程的自动化、智能化水平，提高制造效率、提升产品质量、降低能耗和人工成本。

（3）服务化延伸。在产品的售后阶段，高端装备制造企业通过工业大数据的技术应用，进行服务化延伸，提供覆盖高端装备全生命周期的远程智能维护。首先，对产品进行智能化升级，使产品具有感知自身位置、状态的能力，并能通过通信配合智能服务，破除信息孤岛；然后，企业通过监控实时工况数据与环境数据，基于历史数据进行整合分析，可实时提供设备健康状况评估、故障预警和诊断、维修决策等服务。

目前，工业互联网在高端装备制造行业的应用主要体现在两个方面，分别为社会化协同研发与生产，以及高端装备的预测与健康管理。

1. 社会化协同研发与生产

高端装备的研发、生产过程非常复杂，产业链条很长。传统的研制模式是由一个超大型企业集团独立负责整个产品的研制，产品的总体研发设计和总装环节在企业内部进行，仅部分零部件会涉及外部协同生产。

基于工业互联网的高端装备研制模式相比传统模式更加开放，研发设计和生产装配环节都会和企业外部资源进行高效协同合作。在原来的模式下，只有超大型企业集团才能生产高端装备；而在基于工业互联网的社会化大协同模式下，有实力的中型企业也可以高效利用社会资源，研制出高端装备。

2. 高端装备的预测与健康管理

基于工业互联网的预测与健康管理是综合利用现代信息技术、人工智能技术的最新研究成果而提出的一种全新的管理健康状态的解决方案。预测是通过评估产品偏离或退化的程度与预期的正常操作条件来预测产品的未来可靠性的过程；健康管理是实时测量、记录和监测正常运行条件下偏差和退化程度的过程。高端装备的预测与健康管理示例如图 1.17 所示。

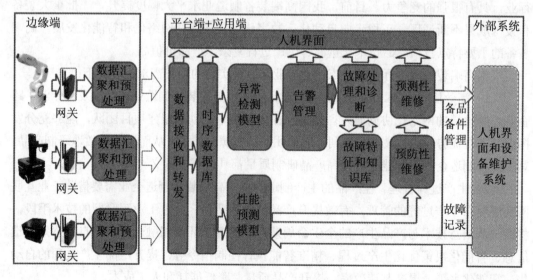

图 1.17　高端装备的预测与健康管理示例

传统的预测与健康管理模式，由于存在很多的局限性，无法实现各个环节之间的连续性、多要素的有效采集、海量数据的存储、众多关联因素的实时分析以及精准的故障预测，而且也很难实现同其他系统的集成。基于工业互联网的新一代预测与健康管理系统有如下的特点：

（1）更丰富的数据采集方法。系统支持更多的新型传感器和控制系统的数据采集，并提供本地的边缘计算能力。

（2）海量历史数据的存储能力。系统支持 PB 级别的时序数据的保存，以及高性能的查询，可以保存长达数十年的设备数据。

（3）更高性能的分析能力。系统通过分布式的大数据分析引擎，提供更强的处理性能，支持更多维度的关联分析，保障更多实时性要求更高的分析。

（4）更精准的预测能力。系统能够提供神经网络、深度学习的算法和模型，结合更多维度的输入，从而构建更精准的预测。

（5）更丰富的智能反馈。系统提供丰富的 API 接口，同不同的业务系统和控制系统进行对接，实现更智能的反馈。

1.3.3　电子信息行业

电子信息产品是指涉及电子信息的采集、获取、处理或控制方面的电子产品，如电子元器件、电子信息材料、手机、电脑、视听产品、网络及通信设备等。电子信息产品属于知识、技术密集型产品，其科技含量较高；产品注重质量、节能和环保；产品竞争激烈，升级换代迅速。

一般工厂根据产品生产订单量、产品生命周期、工艺过程特点等因素，综合考虑生产效率及投资效益，在确定产品生产制造模式的基础上建设产品生产线。整体上看，电子信息产品制造呈现出三种不同的制造模式：面向大规模产品的流水线制造模式、面向订单拉动产品的单元生产制造模式、面向单一高价值产品的手工生产制造模式。

目前，工业互联网在电子信息行业的应用主要包括以下三个方面：设备健康管理、人机协同一体化和生产过程质量追溯。

1. 设备健康管理

在电子信息产品制造中，自动化流水线制造模式实现大批量、标准化、持续不断的生产，需要依赖于大量生产装备进行，其对设备运行状态、维护状态、保养情况等都需要进行严格的管理和监控；一旦因设备管理不善而导致生产停机、贵重设备提前报废、产品质量隐患或安全事故，对企业造成的损失往往是巨大和难以承受的，为使这些设备保持健康运行状态，帮助企业降低生产制造成本和提高产品质量，实现企业的可持续和健康发展，就需要对设备进行健康管理。

通过工业互联网采集设备运行状态信息，对设备运行状态进行实时监测，并结合采集到的设备故障信息，实现对设备的健康管理和可预测性维护，以较少的投入，大大延长设备的技术寿命、经济寿命和使用寿命,为企业产生检修效益、增产效益和安全效益,使企业保持良好的经济效益。

2. 人机协同一体化

电子信息产品制造目前呈现出复杂化、非结构化、柔性化和随时可能改变尺寸形状等特点,在自动化流水线生产或单元作业方式中,单纯依靠机器来实现产品自动化生产,其解决方案难度和成本将会是巨大的;另外在高精密装配上,无论机器怎样发展,都有它的局限性,远不及人的灵活性。即便是那些已有大量操作依赖机器的企业也发现,机器灵活性不足以也难以适应不同的生产作业以及意外情况,仍需要人员针对不同的任务或花费昂贵的离线时间对机器进行重新设置。

通过工业互联网人机数据交互,在确保安全的前提下,可以消除人与机器的隔阂,将人的认知能力及灵活性与机器的效率和存储能力有机地结合起来,以人机协作的方式,提升整个产品制造的生产力及质量。

3. 生产过程质量追溯

电子信息产品的生产加工过程中,从来料、配送、生产、装配到发货各环节,整个过程经人为分割,导致各环节业务数据无法有效衔接及利用。

基于工业互联网技术,可获取全生产过程的材料质量数据、工艺参数及自动化生产设备的状态业务数据,配合数据挖掘技术,可进行质量问题的根源分析,发现并消除质量管理环节中存在的漏洞,也可运用大数据分析工具建立质量预测模型,实现质量问题的提前预警,为生产提供决策服务。生产过程质量追溯参考架构如图 1.18 所示。

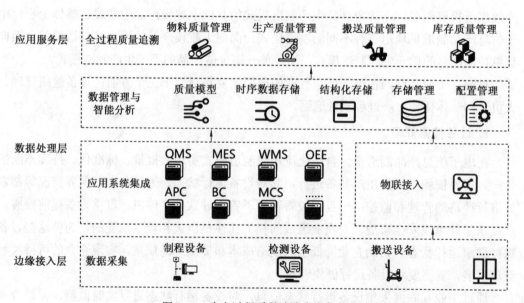

图 1.18　生产过程质量追溯参考架构

通过工业互联网、RFID及二维码等技术与电子信息产品制造过程的结合，可实现对全生产过程关键工艺参数、设备参数及操作情况等数据的标记及采集，从原材料供应、生产的各工艺环节直至产品的最终交付，使整个链条的所有环节数据彼此建立关联关系。在任意环节出现质量异常时，均可精确追溯到前段任意工艺环节数据，并进行分析，来获取异常原因。可运用大数据分析工具建立质量预测模型，主动分析原材料质量数据、生产设备工艺参数及设备状态数据变化等，发现潜在质量问题，提前进行预警及解决。

1.3.4 工程机械行业

工程机械行业属于技术密集、劳动密集、资本密集型行业，在装备工业中占有举足轻重的地位。工程机械的发展与国民经济密切相关。

工程机械企业的生产模式是典型的离散制造模式，生产的主要特点是：离散为主、流程为辅、装配为重点。

工程机械行业对工业互联网实施的业务需求包括以下几方面：

（1）提升生产过程智能制造水平，提高装备核心零部件生产效率与质量稳定性，缩短核心零部件新产品研制周期，提高设备能源利用水平。

（2）实现人、机、料、管理流程、管理系统的广泛互联，提高流程效率，降低运营成本。

（3）高度离散场景下，用户个性定制化需求不断增加，要求厂商能够有效地基于用户的需求进行研发设计和制造。

（4）智能化服务能力提升，装备制造厂商在主机市场渐趋饱和的环境下，必须严格控制主机故障率，延长设备服役时间，降低工厂生产设备及工程机械产品能耗。

目前，工业互联网在工程机械行业的应用主要包括以下三个方面：供应链协同创新、离散制造智能工厂以及产品全生命周期智能服务。

1. 供应链协同创新

目前企业之间的竞争逐步演变成供应链和供应链之间的竞争，传统的供应链管理模式下，存在诸多现实问题，如成本控制问题、可视化问题、编码不统一问题、业务协同问题、全球化问题等，这些问题成为阻碍企业和行业健康发展的瓶颈。

工程机械领域的智能供应链管理系统利用工业互联网平台的数据集成与物联接入能力，将领域内供应链上下游重点企业的信息系统数据和设备、产品或零部件的物理采集数据与平台进行对接，形成智能供应链系统。

智能供应链系统基于工业互联网平台形成一套编码规则与接口模型，对物联网对象进行全球唯一标识，通过标识解析服务，实现异构系统间信息共享与实时追踪，实现产业链各方协作，推进物流、信息流、资金流全方位融合，供应链运营成本显著降低，供应链智能化水平显著提升。

2. 离散制造智能工厂

智能工厂是在数字化工厂的基础上，利用物联网、大数据、人工智能等新一代信息技术加强信息管理和服务，提高生产过程可控性、减少生产线人工干预，以及合理计划排程，同时集智能手段和智能系统等新兴技术于一体，构建高效、节能、绿色、环保、舒适的人性化工厂。

智能工厂建设的基础就是现场数据（人、机、料、法、环）的采集和传输，数据信息使操作人员、管理人员、客户等都能够清晰地了解到工厂的实际状态，并形成决策依据。智能工厂内部各环节如图1.19所示。

图 1.19 智能工厂内部环节

工业互联网相关技术在智能工厂的大规模应用，将有利于推动设备智能化改造、网络互联、数据和系统集成，创新生产经营管理和产业协作与服务模式，提升生产质量和效率，为未来实现高度柔性生产、实现从"传统制造"到"服务型制造"的升级提供了坚实的设备管理与联通的基础。

3. 产品全生命周期智能服务

随着工程机械行业竞争加剧、产品和服务同质化日趋严重，亟需借助工业互联网、大数据分析等新技术，打造新常态下在售后服务领域的领先优势，引领行业产品售后服务和质量保障体系达到新的高度，带动装备制造业整体售后服务水平提升，提升国际市场竞争力。

如图 1.20 所示，工程机械产品全生命周期智能服务依托工业互联网平台，借助工业互联网通信技术，配合嵌入式智能终端、车载终端、智能手机等硬件设施，构造设备数据采集与分析机制、智能调度机制、服务订单管理机制、业绩可视化报表等核心服务。

同时，基于工业互联网平台的大数据服务能力，实现装备工况数据的存储、分析和应用，有效监控和优化工程机械运行工况、运行路径等参数与指标，提前预测预防故障与问题，智能调度内外部服务资源，为客户提供智能化服务。

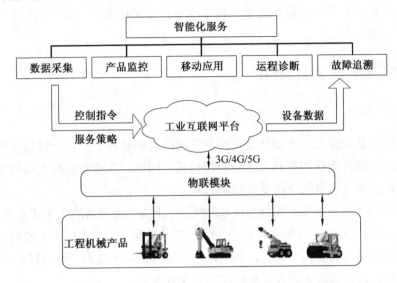

图 1.20　工程机械产品全生命周期智能服务参考架构

产品全生命周期智能服务包括：实时数据采集与回传、远程监控、分析、诊断、智能故障诊断、故障预测、设备解锁管理等。

（1）实时数据采集与回传。实时采集各品类机器设备运行的各项参数，如地理位置信息、耗油量信息、设备运行状况信息等，并将数据存储，实时分析。

（2）远程监控、分析、诊断。针对设备工况数据进行分析，解决设备与日常管理运营问题，如设备运行轨迹、历史工况分析、机群管理分析、设备实时监控分析等。通过对设备整体或零部件运行状态、异常情况、磨损程度等技术参数的大数据分析，支持客户随时随地对设备进行监控和管理。

（3）智能故障诊断。对设备运行数据进行实时采集与处理分析，根据已设定的规则进行非法操作报警、设备异常报警、偏离预定位置报警等实时报警，以及故障远程诊断、维护，并与智能服务平台一键智能派工服务集成。

（4）故障预测。基于存储在大数据存储与分析平台中的数据，通过设备使用数据、工况数据、主机及配件性能数据、配件更换数据等设备与服务数据，进行设备故障、服务、配件需求的预测，为主动服务提供技术支撑，延长设备使用寿命，降低故障率。

(5）设备解锁管理。设备解锁管理是指实现系统远程锁机/解锁、多级别的锁机控制、锁机流程管理、锁机历史记录管理等。设备维保管理是指实现可根据自定义参数制订合理的保养计划并提供精准的保养提醒和记录等。设备档案管理是指实现设备图册管理、设备配件管理、操作保养手册管理、设备基础信息管理等。

（6）机群管理。客户对拥有的不同品类设备进行集中管理；已购机用户、有设备需求用户、项目承建方等可以在平台上进行需求管理，用户可以发布设备使用需求或设备采购需求，项目承建方发布设备需求并以虚拟项目形式对项目中涉及的设备进行机群管理，并主动推送相关信息。

1.4 工业互联网人才培养

1.4.1 人才分类

工业互联网是支撑工业智能化发展的新型网络基础设施，是新一代信息通信技术与先进制造业深度融合形成的新兴业态与应用模式。因此，工业互联网领域亟需既了解新一代信息通信技术又掌握制造业专业知识的人才。

2017年《制造业人才发展规划指南》对制造业十大重点领域的人才需求进行了预测，见表1.3。到2025年，电力装备、新一代信息技术产业、高档数控机床和机器人、新材料将成为人才缺口最大的几个专业，其中新一代信息技术产业人才缺口将会达到950万人，高档数控机床和机器人的人才缺口将达到450万人。

表1.3 制造业十大重点领域人才需求预测（单位：万人）

序号	十大重点领域	2015年人才总量	2020年人才总量预测	2020年人才缺口预测	2025年人才总量预测	2025年人才缺口预测
1	新一代信息技术产业	1 050	1 800	750	2 000	950
2	高档数控机床和机器人	450	750	300	900	450
3	航空航天装备	49.1	68.9	19.8	96.6	47.5
4	海洋工程装备及高技术船舶	102.2	118.6	16.4	128.8	26.6
5	先进轨道交通装备	32.4	38.4	6	43	10.6
6	节能与新能源汽车	17	85	68	120	103
7	电力装备	822	1 233	411	1 731	909
8	农机装备	28.3	45.2	16.9	72.3	44
9	新材料	600	900	300	1 000	400
10	生物医药及高性能医疗器械	55	80	25	100	45

针对我国工业互联网人才基础薄弱、缺口较大的形势，国务院发布的《深化"互联网+先进制造业"发展工业互联网的指导意见》（以下简称《指导意见》）提出强化专业人才支撑的重要举措，这对于加快工业互联网人才培育，补齐人才结构短板，充分发挥人才支撑作用意义重大。

工业互联网发展对专业技术人才和劳动者技能素质提出了新的更高要求。工业互联网对人才的需求主要分为以下三类：

1. 技术创新人才

工业互联网网络是实现工业系统互联和工业数据传输交换的基础，其技术创新和应用涉及网络和控制系统、标识解析、机器学习、CPS、工业软件等多领域多学科技术，其中标识解析、机器学习等技术还属于相当前沿的领域，需要大量技术创新人才从事研发创新和探索实践。

2. 复合型应用人才

工业互联网平台是工业智能化发展的核心载体，平台上汇聚了海量异构数据、工业经验知识以及各类创新应用，能够支撑生产运营优化、关键设备监测、生产资源整合、通用工具集成等智能化生产运营活动。这需要积累了大量生产经验，熟悉建模、虚拟仿真工具，能够将经验转化为固化模型，并掌握数据分析工具的复合型应用人才，以及时发现生产现场状况、协作企业信息、用户市场需求等高附加值预判信息，通过精确计算和复杂分析，实现从机器设备、运营管理到商业活动的价值挖掘和智能优化。

3. 安全保障人才

工业互联网将工业控制系统与互联网连接起来，意味着互联网安全风险向工业关键领域延伸渗透，网络安全将与工业安全风险交织，迫切需要培育大量专业化安全保障人才。一是关键技术研发人才，需要形成兼顾网络安全和工业安全的研发人才队伍。二是管理和咨询服务人才，能够满足工业互联网安全试验验证、安全监测预警、态势感知、安全公共服务等需求，形成工业互联网安全管理和服务人才体系。

1.4.2 职业规划

工业互联网的需求正盛，工业互联网相关的人才却稀缺。目前，我国工业互联网相关专业人才紧缺，尤其是既懂工业运营需求，又懂网络信息技术，还有较强创新能力和操作能力的复合型人才紧缺。按照技术方向，工业互联网岗位可分为八类，分别为：工业互联网网络岗位、工业互联网标识岗位、工业互联网平台岗位、工业大数据岗位、工业互联网安全岗位、工业互联网边缘岗位、工业互联网应用岗位以及工业互联网运营岗位。

1. 工业互联网网络岗位

工业互联网网络岗位包括工业互联网网络架构工程师、开发工程师、集成工程师以及运维工程师，主要负责工业企业内/外网、5G专网、工业数据互通解决方案的设计与规划,工业数据互通系统的设计、开发、集成、实施、运行与维护。

2. 工业互联网标识岗位

工业互联网标识岗位包括工业互联网标识解析架构设计工程师、研发工程师、产品设计工程师、运维工程师以及系统集成工程师,主要负责标识解析应用系统的架构设计、部署运维与系统集成。

3. 工业互联网平台岗位

工业互联网平台岗位包括工业互联网平台架构工程师、开发工程师、测试工程师以及运维工程师,主要负责工业互联网平台建设方案制定、架构设计、系统建设、系统测试以及系统运维部署。

4. 工业大数据岗位

工业大数据岗位包括工业大数据架构师、分析管理师、建模工程师以及测试工程师,主要负责工业大数据平台架构、工业大数据统计分析,以及工业大数据算法和机理模型的研发、测试。

5. 工业互联网安全岗位

工业互联网安全岗位包括工业互联网安全评估工程师、架构工程师、开发工程师、实施工程师以及运维工程师,主要负责工业互联网信息系统和产品安全风险评估、安全管理组织架构、安全检测防护相关产品、工具、平台及业务系统的开发和运维。

6. 工业互联网边缘岗位

工业互联网边缘岗位包括工业互联网边缘计算系统架构师、智能硬件工程师、嵌入式开发工程师以及实施工程师,主要负责边缘计算系统的技术架构,边缘智能硬件的设计开发,边缘计算产品的现场安装、调试和维护。

7. 工业互联网应用岗位

工业互联网应用岗位包括工业互联网行业实施架构工程师、行业应用实施工程师、应用成熟度评估工程师、解决方案规划工程师、系统集成工程师以及运维工程师,主要负责面向行业的新应用软件研发、成熟应用软件云化部署开发、系统集成、解决方案开发等。

8. 工业互联网运营岗位

工业互联网运营岗位包括工业互联网运营管理师以及运营工程师,主要负责工业互联网产业整体运营模式及方案策划,以及工业互联网产业平台、社区、生态、产品、数据等内容的具体运营推广工作。

小 结

本章首先阐述了工业互联网技术的时代背景，指出了工业互联网概念的产生与发展过程，并分析了美国、德国、日本和中国在工业互联网方面的国家战略及企业的应用现状。接下来分别针对轻工家电行业、高端装备制造行业、电子信息行业和工程机械行业这几个行业的工业互联网应用展开讨论。最后，结合我国实际情况，分析了工业互联网领域的人才需求，介绍了工业互联网就业方向，以激发学生进一步学习工业互联网的动力和热情。

思考题

1. 美国提出"工业互联网"的目标是什么？
2. 请简述信息物理系统（CPS）的概念内涵。
3. 日本"互联工业"的三个核心内容是什么？
4. "中国制造2025"战略重点实施的五大工程是什么？
5. 请简述工业互联网与"中国制造2025"战略之间的关系。
6. 发展工业互联网有哪些意义？请列举2~3条。
7. 请简要介绍工业互联网在高端装备的故障预测和健康管理方面的应用。
8. 请简要介绍工业互联网在离散制造智能工厂中的应用。
9. 请简要介绍工业互联网在产品全生命周期服务方面的应用。
10. 到2025年，新一代信息技术产业人才缺口将会达到多少人？
11. 工业互联网对人才的需求主要分为哪三类？
12. 企业目前最需要的工业互联网人才岗位有哪些？

第 2 章　工业互联网技术体系

2.1　工业互联网概述

2.1.1　工业互联网定义

※ 工业互联网概述

根据中国工业互联网产业联盟对工业互联网的定义，工业互联网是互联网和新一代信息技术与工业系统全方位深度融合所形成的产业和应用生态，是工业智能化发展的关键综合信息基础设施。

工业互联网的本质是以机器、控制系统、信息系统、产品及人员的网络互联为基础，如图 2.1 所示，通过对工业数据的深度感知、实时传输交换、快速计算处理及高级建模分析，实现智能控制、运营优化和生产组织方式的变革。

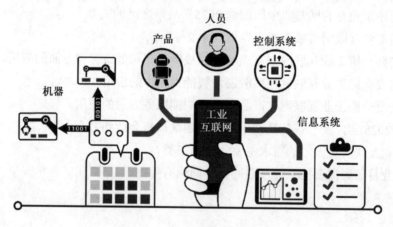

图 2.1　工业互联网连接概念图

工业互联网系统将所有智能物体接入互联网，通过互联网连接起来，并运用物体感知技术，采集智能物体的标识、位置、状态、场景数据，通过互联网快速传输到工业互联网平台。利用云计算技术提供的低成本的庞大计算能力，工业互联网平台上的大数据分析工具对采集到的智能物体的海量工业数据进行分析，获取工业智能，并将其反馈到智能物体的设计、制造、使用中，达到提高工业生产率的效果，从而实现提高人类社会生产力、改善人类生活的目的。

2.1.2 工业互联网的核心要素

工业互联网有三个核心要素：智能设备、智能系统和智能决策，如图2.2所示。

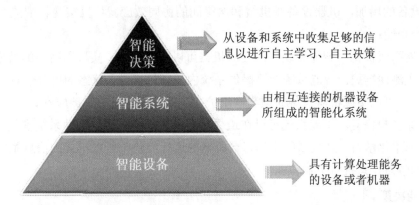

图 2.2　工业互联网核心要素

1. 智能设备

智能设备是指任何一种具有计算处理能力的设备或者机器。智能设备是传统电气设备与计算机技术、数据处理技术、控制理论、传感器技术、网络通信技术、电力电子技术等相结合的产物。在工业生产中，常见的智能设备包括智能传感器、可编程逻辑控制器PLC、数控机床、工业机器人（图2.3）等。

智能装备是工业互联网基础执行层和底层数据来源，是工业互联网体系的重要组成部分。数据从智能设备和网络获取，使用大数据工具与分析工具进行存储、分析和可视化，进而得到"智能信息"，用于决策。

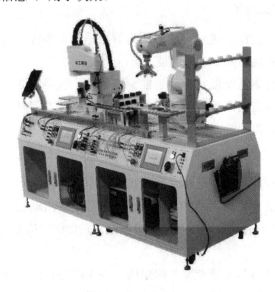

图 2.3　工业机器人示例

2. 智能系统

智能系统指的是由相互连接的机器设备所组成的智能化系统。随着加入工业互联网的机床和设备的增加，机器设备在机组和网络间的协同效应就可以实现。智能系统主要能实现四个功能：

（1）网络级优化。智能系统中的互联机器可以协同运行，实现网络级的效率优化。

（2）预测性维护。智能系统能够提供系统内所有机器设备状态的可视信息，结合机器学习技术，可以实现机器设备的预测性维护，从而降低设备的维护成本。

（3）系统自恢复。智能系统可以在遭受冲击后快速和高效地辅助系统恢复。

（4）网络化学习。智能系统中的每台机器的运行经验都可以集合到信息系统中，通过对信息的学习，系统将更加智能。

3. 智能决策

工业互联网的趋势是能够实现自主学习、自主决策，不断优化。智能决策是指从设备和系统中收集足够的信息以进行自主学习，并根据学习的结果进行自主决策，使得部分运行职能从操作人员那里转移到数字系统中。

工业互联网的关键是通过大数据实现智能决策。当从智能设备和智能系统采集到了足够的大数据时，智能决策就已经具备了基础的条件。工业互联网中，智能决策对于应对系统越来越复杂且机器的互联、设备的互联、组织的互联所形成的庞大网络来说十分必要。智能决策就是为了解决系统的复杂性。

2.2 工业互联网与智能制造

2.2.1 智能制造的定义与特点

智能制造源于人工智能的研究。一般认为智能是知识和智力的总和，前者是智能的基础，后者是指获取和运用知识求解的能力。

智能制造应当包含智能制造技术和智能制造系统，智能制造系统不仅能够在实践中不断地充实知识库，具有自学习功能，还有搜集与理解环境信息和自身的信息，并进行分析判断和规划自身行为的能力。

1. 智能制造的定义

根据我国《国家智能制造标准体系建设指南》中对智能制造的定义，智能制造为基于新一代信息技术，贯穿设计、生产、管理、服务等制造活动的各个环节，具有信息深度自感知、智慧优化、自决策、精准控制、自控制等功能的先进制造过程、系统与模式的总称。

智能制造由智能机器和人类专家共同组成，在生产过程中，通过通信技术将智能装备有机连接起来，实现生产过程自动化；并通过各类感知技术收集生产过程中的各种数据，通过工业以太网等通信手段，上传至工业服务器，在工业软件系统的管理下进行数据处理分析，并与企业资源管理软件相结合，提供最优化的生产方案或者定制化生产，最终实现智能化生产。

2. 智能制造系统的特点

智能制造系统（Intelligent Manufacturing System，简称 IMS）集自动化、柔性化、集成化和智能化于一身，具有以下几个显著特点，如图 2.4 所示。

图 2.4　智能制造系统的显著特点

（1）自组织能力。

IMS 中的各种组成单元能够根据工作任务的需要，自行集结成一种超柔性最佳结构，并按照最优的方式运行。其柔性不仅表现在运行方式上，还表现在结构形式上。完成任务后，该结构自行解散，以备在下一个任务中集结成新的结构。自组织能力是 IMS 的一个重要标志。

（2）自律能力。

IMS 具有搜集与理解环境信息及自身的信息，并进行分析判断和规划自身行为的能力。强有力的知识库和基于知识的模型是自律能力的基础。IMS 能根据周围环境和自身作业状况的信息进行监测和处理，并根据处理结果自行调整控制策略，以采用最佳运行方案。这种自律能力使整个制造系统具备抗干扰自适应和容错等能力。

（3）自学习和自维护能力。

IMS 能以原有的专家知识为基础，在实践中不断进行学习，完善系统的知识库，并删除库中不适用的知识，使知识库更趋合理；同时，还能对系统故障进行自我诊断、排除及修复。这种特征使 IMS 能够自我优化并适应各种复杂的环境。

（4）智能集成。

IMS 在强调各个子系统智能化的同时，更注重整个制造系统的智能集成。这是 IMS 与面向制造过程中特定应用的"智能化孤岛"的根本区别。IMS 包括了各个子系统，并把它们集成为一个整体，实现整体的智能化。

（5）人机一体化智能系统。

IMS 不单纯是"人工智能"系统，而是人机一体化智能系统，是一种混合智能。人机一体化一方面突出人在制造系统中的核心地位，同时在智能机器的配合下，更好地发挥了人的潜能，使人机之间表现出一种平等共事、相互"理解"、相互协作的关系，使两者在不同的层次上各显其能，相辅相成。因此，在 IMS 中，高素质、高智能的人将发挥更好的作用，机器智能和人的智能将真正地集成在一起。

（6）虚拟现实。

虚拟现实是实现虚拟制造的支撑技术，也是实现高水平人机一体化的关键技术之一。人机结合的新一代智能界面，使得可用虚拟手段智能地表现现实，它是智能制造的一个显著特征。

综上所述，可以看出 IMS 作为一种模式，它是集自动化、柔性化、集成化和智能化于一身，并不断向纵深发展的先进制造系统。

2.2.2　工业互联网与智能制造

工业互联网是互联网和新一代信息技术与全球工业系统全方位深度融合而形成的产业和应用生态，是工业智能化发展的关键综合信息基础设施。工业互联网与制造业的融合将带来四个方面的智能化提升。

（1）智能化生产。

智能化生产基于工业大数据的建模分析，形成从单个机器到产线、车间乃至整个工厂的智能决策和动态优化，显著提升全流程生产效率，提高质量，降低成本。

（2）网络化协同。

网络化协同借助网络整合分布于全球的设计、生产、供应链和销售资源，形成众包众创、协同制造等新模式，大幅度降低开发成本，缩短产品上市周期。

（3）个性化定制。

个性化定制基于互联网获取用户个性化需求，通过灵活柔性组织设计、制造资源和生产流程，实现低成本、大规模定制。

（4）服务化转型。

服务化转型通过对产品运行的实时监测，提供远程维护、故障预测、性能优化等一系列服务，并反馈优化产品设计，实现企业服务化转型。

工业互联网是智能制造的关键基础设施，为其变革提供了必需的共性基础设施和能力，同时也可以用于支撑其他产业的智能化发展。智能制造的实现需要两个领域技术的支撑：

①工业制造技术，包括先进装备、先进材料和先进工艺等，工业技术的创新决定了工业制造的边界和能力。

②工业互联网技术，包括智能传感控制软硬件、工业互联网络、工业云平台和工业大数据等，这些是支撑智能制造的信息基础设施，为制造业变革提供了必需的共性基础设施和能力。

在工业制造技术和工业互联网技术的支撑下,智能制造呈现出智能化生产、协同化组织、个性化定制、服务化延伸等新的生产模式和组织方式,如图2.5所示。

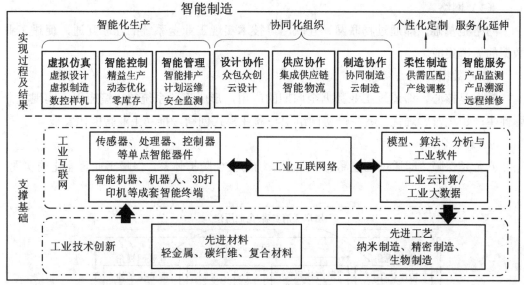

图 2.5　工业互联网是实现智能制造的关键基础设施

2.3　工业互联网体系架构

对工业互联网的含义,可从工业和互联网两个视角理解。从工业视角看,工业互联网表现为从生产系统到商业系统的智能化,由内及外;生产系统自身通过采用信息通信技术,实现机器之间、机器与系统之间、企业上下游之间实时连接与智能交互,并带动商业活动优化。从互联网视角看,工业互联网主要表现为商业系统变革牵引生产系统的智能化,由外及内,从营销、服务、设计环节的互联网新模式与新业态带动生产组织和制造模式的智能化变革。其中,网络、数据、安全是两个视角变革的共性基础和核心驱动。工业互联网的两个视角如图2.6所示。

＊ 工业互联网体系架构

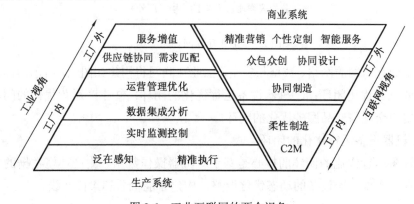

图 2.6　工业互联网的两个视角

工业互联网体系架构的核心是网络、数据和安全,如图2.7所示。工业互联网可以从网络、数据和安全三个方面来理解。

(1)网络。

网络是基础,即通过物联网、互联网等技术实现工业全系统的互联互通,促进工业数据的无缝集成。

(2)数据。

数据是核心,即通过工业数据全周期的应用,形成工业系统的决策应用,实现机器弹性生产、运营管理优化、生产协同组织与商业模式创新,推动工业智能化发展。

(3)安全。

安全是保障,即通过构建涵盖工业全系统的安全防护体系,保障工业智能化的实现。

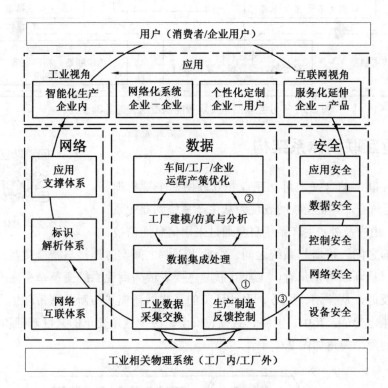

图2.7 工业互联网体系架构

基于工业互联网的网络、数据与安全,工业互联网将构建如图2.7所示的面向工业智能化发展的三大优化闭环:①机器设备运行优化的闭环;②生产运营优化的闭环;③企业协同、用户交互与产品服务优化的闭环。

(1)机器设备运行优化的闭环。

机器设备运行优化的闭环的核心是基于对机器操作数据、生产环境数据的实时感知和边缘计算,实现机器设备的动态优化调整,构建智能机器和柔性产线。

(2)生产运营优化的闭环。

生产运营优化的闭环的核心是基于信息系统数据、制造执行系统数据、控制系统数据的集成处理和大数据建模分析,实现生产运营管理的动态优化调整,形成各种场景下的智能生产模式。

(3)企业协同、用户交互与产品服务优化的闭环。

企业协同、用户交互与产品服务优化的闭环的核心是基于供应链数据、用户需求数据、产品服务数据的综合集成与分析,实现企业资源组织和商业活动的创新,形成网络化协同、个性化定制、服务化延伸等新模式。

2.4 工业互联网技术体系

工业互联网技术体系由三个部分组成,分别是网络体系、数据体系和安全体系。其中,网络体系包含网络互联、标识解析和应用支撑三个体系,共同构成工业数据传输交互的支撑基础。数据体系包括采集交换、集成处理、建模分析、决策优化和反馈控制等功能模块,支撑工业全流程数据采集、处理、分析与反馈。安全体系包括设备安全、网络安全、控制安全、数据安全和应用安全,为网络与数据在工业中的应用提供安全保障。工业互联网的技术体系如图2.8所示。

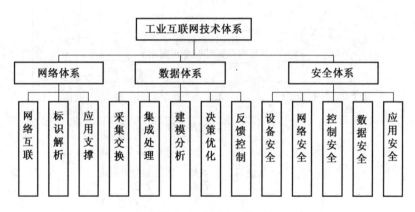

图2.8 工业互联网技术体系

2.4.1 网络体系

随着智能制造的发展,不同的企业主体对工业互联网网络有了新的需求。同时,工厂内部智能化、网络化及与外部交换需求的增加,使工厂内部网络和外部网络产生新的变革,最终形成工厂内和工厂外两大互联场景,三大企业主体、七类互联单元及九种互联类型,如图2.9所示。

三大企业主体包括工业制造企业、工业服务企业和互联网企业。

（1）工业制造企业提供基本的产品设计、生产和维护。

（2）工业服务企业利用对智能产品的数据采集、建模、分析形成创新的用户服务模式与业态。

（3）互联网企业利用其平台资源优势实现工业生产全生命周期的资源优化配置。

七类互联单元包括在制品、智能机器、工厂控制系统、工厂信息系统、智能产品、协作企业和用户。

九种互联类型包括了七类互联主体之间复杂多样的互联关系，分别为：①智能设备与工厂控制系统；②在制品与智能设备；③在制品与工厂云平台；④智能设备与智能设备；⑤工厂控制系统与工厂云平台；⑥工厂云平台与用户；⑦工厂与工业互联网应用；⑧工厂控制系统与工业互联网应用；⑨智能产品与工厂云平台。工业互联网总体互联需求如图 2.9 所示。

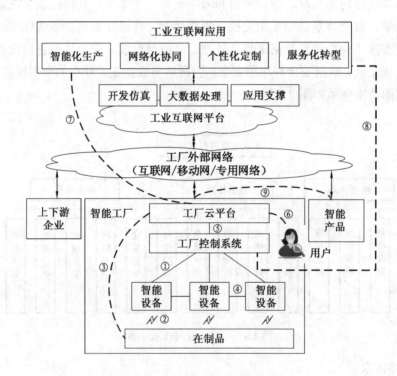

图 2.9　工业互联网总体互联需求

工业互联网对现有生产过程的改造，一方面体现在覆盖工业生产生命周期的信息采集与分析，另一方面体现在利用互联网实现工业生产的资源配置、协同合作和延伸服务。这些愿景需要工厂网络与互联网实现充分的融合。

工业互联网与互联网有着类似的体系结构。从网络体系视角出发，互联网包含以下三个重要体系。

（1）基于网际互联协议（Internet Protocol，简称 IP）的全球互联体系。

（2）支持互联网应用和信息寻址的互联网的神经系统，即域名系统（Domain Name System，简称 DNS）。

（3）基于超文本（Hyper Text）与 Web 技术的应用服务体系。

与互联网三个体系对应，工业互联网也包含三个重要体系：网络互联体系，地址与标识解析体系，应用支撑体系，如图 2.10 所示。

（1）网络互联体系。智能工厂作为工业互联网重要的互联要素，通过 IP 化不断深化与互联网的互联。

（2）地址与标识解析体系。在互联网 IP 地址和 DNS 解析系统之上，为物料、在制品、产品增加标识，通过标识解析系统实现产品全生命周期的信息追踪和管理。

（3）应用支撑体系。工业互联网平台、大数据和各种应用服务，在"超文本"与 Web 技术基础上，通过引入语义技术，可以对数据进行标注从而实现对数据的智能理解和处理。

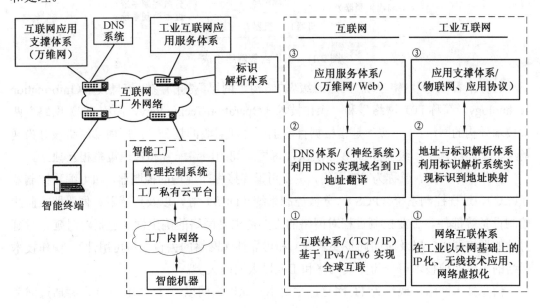

图 2.10　工业互联网整体网络架构

1. 网络互联体系

当前，工业生产过程的控制已经实现了从模拟信号到数字信号的飞跃，以微处理器为核心的智能生产控制系统得到了广泛的应用。伴随着生产过程控制的自动化和数字化，数字通信网络已经延伸到工业控制领域。随着企业信息化的发展，连接信息终端与 IT 系统的信息网络也成为工厂网络的重要组成部分。网络互联体系主要包括工厂内部网络和工厂外部网络。

（1）工厂内部网络。

工厂内部网络用于连接产品、智能手机、工业控制系统、人等主体，目前工厂内部网络的组成如图 2.11 所示。

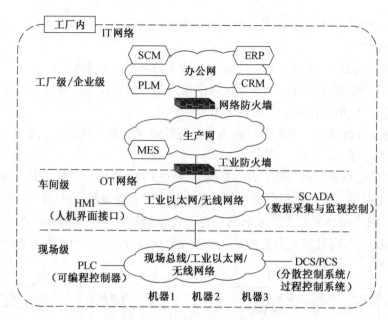

图 2.11 工厂内部网络组成

总体来看，工厂网络呈现"两层三级"的结构。"两层"是指存在"信息技术（Information Technology，简称 IT）网络"和"操作技术（Operation Technology，简称 OT）网络"两层技术异构的网络；"三级"是指根据目前工厂管理层级的划分，工厂内部网络被分为现场级、车间级、工厂级/企业级 3 个层次，每层之间的网络配置和管理策略相互独立。

操作技术网络，或称为 OT 网络，主要用于连接生产现场的控制器，如可编程控制器（PLC）、过程控制系统（PCS）、分散控制系统（DCS）等，以及传感器、伺服器、监测控制设备等部件。工业控制过程对网络的主要需求是网络的确定性（包括对时延、时延抖动的严格要求，以及时间同步要求等）和可靠性（网络的丢包率与可用性）。操作技术网络的主要实现技术可分为无线网络和工业以太网两大类。

信息技术网络，或称为 IT 网络，主要由高速以太网以及 TCP/IP 构成，并通过网关设备实现与互联网和现场网络的互联和安全隔离。

从层级上看，现场级、车间级、工厂级/企业级 3 个层级，每级之间的网络配置和管理策略相互独立。

①现场级。现场级网络通信主要是完成现场检测传感器、工业控制器与其他智能设备的通信连接，一般通过现场总线的方式连接。在现场级，无线通信只是部分特殊场合被使用，存量很低。这种现状造成工业系统在设计、集成和运维的各个阶段的效率，都受到极大制约，进而阻碍着精细化控制和高等级工艺流程管理的实现。

②车间级。车间级网络通信主要是完成控制器之间、控制器与本地或远程监控系统之间，以及控制器与运营级之间通信连接。车间级连接主要是采用工业以太网通信方式，也有部分厂家采用自有通信协议进行本厂控制器和系统间的通信。

③工厂级/企业级。工厂级/企业级的网络，一般采用高速以太网以及 TCP/IP 进行网络互联。

（2）工厂外部网络。

工厂外部网络主要是指以支撑工业全生命周期各项活动为目的，用于连接企业上下游之间、企业与智能产品、企业与用户之间的网络。工厂外部网络的参考架构如图 2.12 所示。

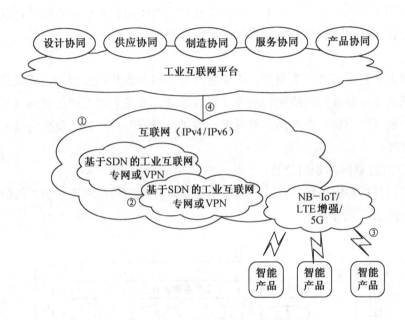

图 2.12　工厂外部网络参考架构

工业互联网场景下工厂外部网络方案包括四个主要环节：

①基于 IPv4/IPv6 的公众互联网。IPv4 又称互联网通信协议第四版，IPv4 最大的问题在于网络地址资源有限，严重制约了互联网的应用和发展。第六版互联网通信协议 IPv6 的使用，不仅能解决网络地址资源数量的问题，而且也解决了多种接入设备连入互联网的障碍。考虑到工业互联网的终端数量可达到数百亿量级，因此 IPv6 在公众互联网中的部署势在必行。

②基于软件定义网络（Software-Defined Networks，简称 SDN）的工业互联网专网或虚拟专用网（Virtual Private Network，简称 VPN）。对一些网络质量要求较高，或比较关键的业务，需要用专网或 VPN 的方式来承载。专网中需要利用 SDN 等技术实现业务、流量的隔离，并实现网络的开放可编程。

③泛在无线接入。利用窄带物联网（Narrow Band Internet of Things，NB-IoT）、增强型长期演进技术（Long Term Evolution，LTE）、5G 等无线通信技术，实现对各类海量的智能产品的无线接入。

④与工业互联网平台的连接和数据采集。工厂外部网络支持企业信息化系统、生产控制系统,以及各类智能产品向工业互联网平台的数据传送和服务质量保证。

2. 地址与标识解析体系

在工业互联网中,为了实现人与设备、设备与设备的通信以及各类工业互联网应用,需要利用标识来对人、设备、产品等对象以及各类业务应用进行识别,并通过标识解析与寻址等技术进行翻译、映射和转换,以获取相应的地址或关联信息。

物体标识用于在一定范围内唯一识别工业互联网中的物理或逻辑实体,以便网络或应用基于此物体标识对目标对象进行相关控制和管理,以及相关信息的获取、处理、传送与交换。

标识解析则是指将某一类型的标识映射到与其相关的其他类型标识或信息的过程。标识解析既是工业互联网网络架构的重要组成部分,又是支撑工业互联网互联、互通的神经枢纽。通过赋予每一个产品、设备唯一的"身份证",可以实现全网资源的灵活区分和信息管理。

(1)工业互联网标识的分类。

基于识别目标和应用场景,工业互联网标识可分为三类:对象标识、通信标识和应用标识,如图2.13所示。

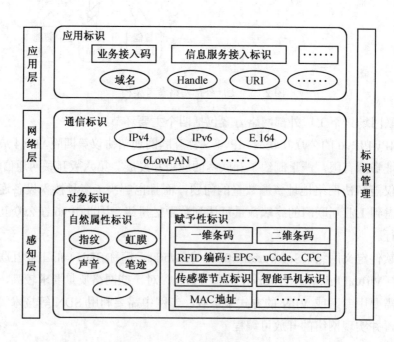

图2.13 工业互联网标识体系

①对象标识。对象标识用于唯一识别工业互联网中的实体对象（如传感器节点、电子标签、网卡等）或逻辑对象（如文档、温度等）。根据标识形式的不同，对象标识又可进一步分为自然属性标识和赋予性标识。一个对象可以拥有多个对象标识，但一个标识必须唯一地对应一个实体对象或逻辑对象。

②通信标识。通信标识用于唯一识别具备通信能力的网络节点（如智能网关、手机终端、电子标签读写器及其他网络设备等）。通信链路两端的节点一定具有同类别的通信标识，作为相对地址或绝对地址用于寻址，以建立到目标对象的通信连接。

③应用标识。应用标识用于唯一识别工业互联网应用层中各项业务或各领域的应用服务的组成元素（如电子标签在信息服务器中所对应的数据信息等）。基于应用标识就可以直接进行相关对象信息的检索与获取。

应用标识由于可带有一定语义特征，主要用于各种工业互联网，可方便地管理各种工业互联网资源或数据，不同应用可根据不同的应用需求，给同一个工业互联网资源或数据赋予不同的应用标识。而对象标识则主要用于标注各种工业互联网对象，与使用该对象的工业互联网应用无关。同一个工业互联网对象，可拥有多个对象标识、通信标识和应用标识。在各工业互联网应用领域，不同环节需要使用到不同类型的标识，这就需要掌握不同标识直接的映射关系。而这些标识之间的映射，则主要通过标识服务技术进行管理和维护。

（2）常用标识解析技术介绍。

当前被广泛运用的标识解析技术主要有 Handle、Ecode（Entity Code for IoT，物联网统一标识体系）、OID（Object Identifier，对象标识符）、EPC 和 UCode 等几种。这些技术无论是研发机构、适用领域还是使用功能等都不相同，但其基本思路都是针对面向的对象进行数字解读，然后进行唯一标记，并提供对应的信息查询和浏览功能，以构成完整的数据信息架构。以下对三种最主要的标识解析技术进行介绍。

① Handle。Handle 技术由 TCP/IP 协议联合发明人罗伯特·卡恩发明。这一技术具有两个明显的特点：第一，Handle 得以运用的基础在于全球各地需设置齐全的根节点，这些根节点相互之间可以互通有无，完成数据传输和识别。因此该技术得到了世界各国共同的重视。第二，Handle 设置有部分可进行自主定义的编码功能，用户可以按照自己的想法和需求，将原有的编码体系中的部分内容设置为自主定义，这一特点使得 Handle 技术在使用过程中比较灵活。近几年来，这一技术被广泛运用于产品溯源、数字图书馆等领域。

② Ecode。Ecode 技术是由我国发明并研制的一种标识编码技术，包括 Ecode 编码、数据标识、中间件、解析系统、信息查询和发现服务系统、安全保障系统等内容，主要被运用在我国的农产品质量溯源和把控等方面。

③ OID。这一技术是由一系列国际标准组织合作研发而成的。其对物体、数字等对象进行具有唯一性的命名，在全球范围内建立属于该对象的独特性。命名之后，这一名

称就成为该事物的标识，并伴随终身。目前，这一技术被广泛应用在医疗卫生事业和信息安全等领域。

（3）标识解析技术的应用。

标识解析技术在工业互联网中主要应用于三个方面：在各个环节建立关联，产品设备状态的跟踪定位，以及高效的自动化控制，如图 2.14 所示。

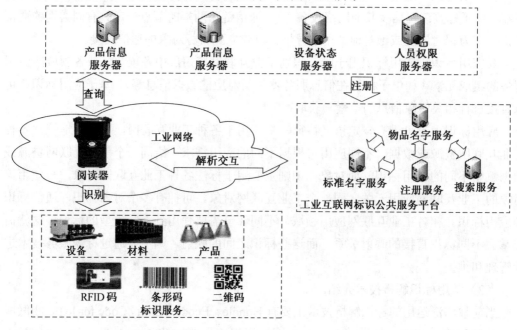

图 2.14　标识解析技术在工业互联网中的应用示例

①在各个环节建立关联。

工业互联网在工业领域的应用需要投入大量包含标识的原料、设计、设备等，生产出来的产品也需要带有标识信息。在生产过程中对以上资源进行加工、控制等，需要建立各环节标识之间的关联性，通过这些标识获得生产过程中的数据，设定生产过程中的相关参数，达到信息全流程记录和自动化作业的目的。海量数据信息的维护依赖于标识之间的互联，如何高效地管理标识，建立关联性是工业领域需要解决的一个重要问题。

②产品设备状态的跟踪定位。

产品和设备信息数据采集的最终目的是实现对产品和设备在生产过程中的状态监控，在生产流水线的各个环节跟踪产品，实现产品生产的全程监控。在线监测设备的运转状态，通过网络与服务器通信，实现加工设备性能特征的在线监测、运行状态评估与风险预警、设备早期故障诊断与专家支持。同时，可定位产品在供应链中所处的位置，通过网络传输，实现物流信息共享与可视化跟踪以及产品全过程的实时监控。监控生产设备的工作状态需要精确的信息服务器发现服务。

③高效的自动化控制。

利用标识数据实现自动化控制是工业智能化的最终目的，产品的生产任务和有关信息都被记录在标识中,通过读取标识信息,产品组件可以告诉生产设备所需的处理过程,比如需要安装哪个组件、被刻上什么样的文字图案等。

(4) 标识解析技术的发展趋势。

标识解析技术目前有两个发展趋势:向工业生产环节渗透,以及开环的公共标识及解析系统。

①向工业生产环节渗透。目前标识技术在资产管理、物流管理、溯源等部分环节得到应用和推广,并正在向工业生产环节渗透,如产线可以通过自动读取在制品标签标识来匹配相应的处理。

②开环的公共标识及解析系统。面向产品全生命周期管理及跨企业产品信息交互需求的增加,将推动企业标识系统与公共标识解析的对接,闭环的私有标识及解析系统逐步向开环的公共标识及解析系统演进。

未来,随着智能化生产、网络化协同、服务化延伸等工业互联网应用的开展,标识技术将更加广泛地得到应用。

3. 应用支撑体系

应用支撑体系即工业互联网业务应用交互和支撑能力,包含工业互联网平台和工厂云平台,及其提供各种资源的应用协议。

如图 2.15 所示,工业互联网应用支撑体系的参考架构包括四个主要环节:工厂云平台,公共工业互联网平台,专用工业互联网平台和应用支撑协议。

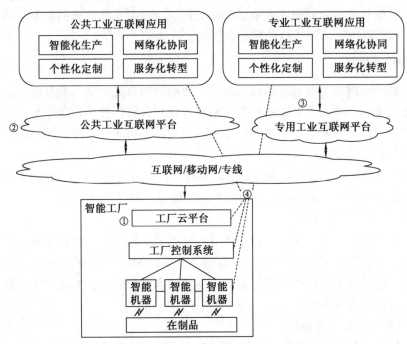

图 2.15 工业互联网应用支撑体系参考架构

①—工厂云平台;②—公共工业互联网平台;③—专用工业互联网平台;④—应用支撑协议

(1) 工厂云平台。

云计算技术为工业企业 IT 建设提供了更加高效率、低成本、可扩展的方式,通过在大型企业内部建立工厂云平台,可实现企业/工厂内的 IT 系统集中化建设,并通过标准化的数据集成,开展数据分析和运营优化。

(2) 公共工业互联网平台。

公共工业互联网平台可面向中小工业企业开展设计协同、供应链协同、制造协同、服务协同等新型工业互联网应用模式。

(3) 专用工业互联网平台。

专用工业互联网平台面向大型企业或特定行业,提供以工业数据分析为基础的专用云计算服务。

(4) 应用支撑协议。

应用支撑协议包括工厂内各生产设备、控制系统和 IT 系统间的数据集成协议,以及生产设备、IT 系统到工厂外工业互联网平台间的数据集成和传送协议。

2.4.2 数据体系

数据体系是工业智能化的核心驱动,包括数据采集交换、集成处理、建模分析、决策优化和反馈控制等功能模块。数据体系表现为通过海量数据的采集交换、异构数据的集成处理、机器数据的边缘计算、经验模型的固化迭代、基于云的大数据计算分析,实现对生产现场状况、协作企业信息、市场用户需求的精确计算和复杂分析。数据体系可协助形成企业运营的管理决策以及机器运转的控制指令,驱动从机器设备、运营管理到商业活动的智能和优化。

❋ 工业互联网技术体系

1. 数据体系框架

工业大数据是指在工业领域信息化应用中所产生的数据,是工业互联网的核心,是工业智能化发展的关键。工业大数据基于网络互联和大数据技术,贯穿于工业的设计、工艺、生产、管理、服务等各个环节,使工业系统具备描述、诊断、预测、决策、控制等智能化功能的模式和结果。

工业互联网数据架构,从功能视角看,主要由数据采集与交换、数据预处理与存储、数据建模与数据分析和决策与控制应用四个层次组成,如图 2.16 所示。

(1) 数据采集与交换层。

数据采集与交换层主要实现工业各环节数据的采集与交换,数据源既包含来自传感器、数据采集与监视控制系统 SCADA、制造执行系统 MES、企业资源计划 ERP 等内部系统的数据,也包含来自企业外部的数据,主要包含对象感知、实时采集与批量采集、数据核查、数据路由等功能。

(2) 数据预处理与存储层。

数据预处理与存储层的关键目标是实现工业互联网数据的初步清洗、集成,并将工业系统与数据对象进行关联,主要包含数据预处理、数据存储等功能。

（3）数据建模与数据分析层。

数据建模与数据分析层根据工业实际元素与业务流程，在数据基础上构建用户、设备、产品、产线、工厂、工艺等数字化模型，并结合数据分析层提供数据报表、可视化、知识库、数据分析工具及数据开放功能，为各类决策的产生提供支持。

（4）决策与控制应用层。

决策与控制应用层主要是基于数据分析结果，生成描述、诊断、预测、决策、控制等不同应用，形成优化决策建议或产生直接控制指令，从而实现个性化定制、智能化生产、协同化组织和服务化延伸等创新模式，并将结果以数据化形式存储下来，最终构成从数据采集到设备、生产现场及企业运营管理持续优化的闭环。

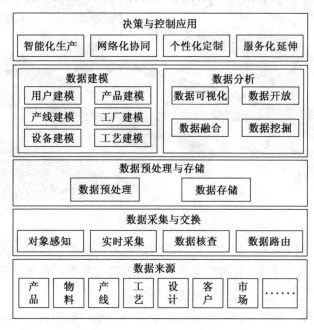

图 2.16　工业互联网数据体系参考架构

2. 数据应用场景

工业大数据的应用覆盖工业生产的全流程和产品的全生命周期。工业大数据的作用主要表现为状态描述、诊断分析、预测预警、辅助决策等方面，在智能化生产、网络化协同、个性化定制和服务化延伸四类场景下发挥着核心的驱动作用，如图 2.17 所示。

图 2.17　工业大数据应用场景

(1) 智能化生产。

①虚拟设计与虚拟制造。虚拟设计与虚拟制造是指将大数据技术与 CAD、CAE、CAM 等设计工具相结合，深入了解历史工艺流程数据，找出产品方案、工艺流程、工厂布局与投入之间的模式和关系，对过去彼此孤立的各类数据进行汇总和分析，建立设计资源模型库、历史经验模型库，优化产品设计、工艺规划、工厂布局规划方案，并缩短产品研发周期。工厂虚拟设计示例如图 2.18 所示。

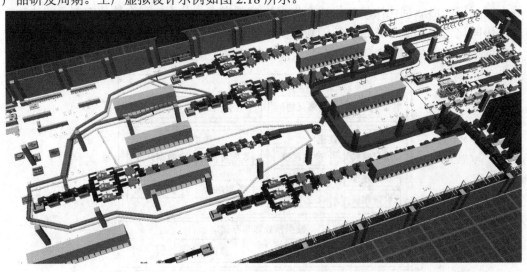

图 2.18　工厂虚拟设计示例

②生产工艺与流程优化。生产工艺与流程优化是指应用大数据分析功能，评估和改进当前操作工艺流程，对偏离标准工艺流程的情况进行报警，快速地发现错误或者瓶颈所在，实现生产过程中工艺流程的快速优化与调整。

③智能生产排程。智能生产排程是指收集客户订单、生产线、人员等数据，通过大数据技术发现历史预测与实际的偏差概率，考虑产能约束、人员技能约束、物料可用约束、工装模具约束，通过智能的优化算法，制订预计划排产，并监控计划与现场实际的偏差，动态地调整计划排产。

④产品质量优化。产品质量优化是指通过收集生产线、产品等实时数据和历史数据，根据以往经验建立大数据模型，对质量缺陷产品的生产全过程进行回溯，快速甄别原因，改进生产问题，优化提升产品质量。

⑤设备预测性维护。设备预测性维护是指建立大数据平台，从现场设备状态监测系统和实时数据库系统中获取设备振动、温度、压力、流量等数据，在大数据平台对数据进行存储管理，进一步通过构建基于规则的故障诊断、基于案例的故障诊断、设备状态劣化趋势预测、部件剩余寿命预测等模型，通过数据分析进行设备故障预测与诊断。

⑥能源消耗管控。能源消耗管控是指对企业生产线各关键环节能耗排放和辅助传动输配环节的实时监控，收集生产线、关键环节能耗等相关数据，建立能耗仿真模型，进

行多维度能耗模型仿真预测分析,获得生产线各环节的节能空间数据,协同操作智能系统优化负荷与能耗平衡,从而实现整体生产线柔性节能降耗减排,及时发现能耗的异常或峰值情况,实现生产过程中的能源消耗实时优化。

(2)网络化协同。

①协同研发与制造。协同研发与制造主要是基于统一的设计平台和制造资源信息平台,集成设计工具库、模型库、知识库及制造企业生产能力信息,不同地域的企业或分支机构可以通过工业互联网网络访问设计平台获取相同的设计数据,也可获得同类制造企业闲置生产能力,满足多站点协同、多任务并行、多企业合作的异地协同设计与制造要求。

②供应链配送体系优化。供应链配送体系优化主要是通过 RFID 等产品电子标识技术、物联网技术以及移动互联网技术获得供应商、库存、物流、生产、销售等完整产品供应链的大数据,利用这些数据进行分析,确定采购物料数量、运送时间等,实现供应链优化。

(3)个性化定制。

①用户需求挖掘。用户需求挖掘主要指建立用户对商品需求的分析体系,挖掘用户深层次的需求,并建立科学的商品生产方案分析系统,结合用户需求与产品生产,形成满足消费者预期的各品类生产方案等,实现对市场的预知性判断。

②个性化定制生产。个性化定制生产主要指采集客户个性化需求数据、工业企业生产数据、外部环境数据等信息,建立个性化产品模型,将产品方案、物料清单、工艺方案通过制造执行系统快速传递给生产现场,进行产线调整和物料准备,快速生产出符合个性化需求的定制化产品。

(4)服务化延伸。

①远程监控与服务。产品远程服务是指通过搭建企业产品数据平台,围绕智能装备、智能家居、可穿戴设备、智能联网汽车等多类智能产品,采集产品数据,提供智能产品的远程监测、诊断与运维服务。

②产品预测性维护。产品预测性维护类似于设备预测性维护,是指建立大数据平台,从产品状态监测系统和实时数据库系统中获取数据,通过数据分析进行产品故障预测与诊断。

③客户反馈分析。客户反馈分析关注客户的反馈情况,并对这些信息进行大数据分析,可以帮助企业提高客户的再次购买率。

2.4.3 安全体系

安全体系是网络与数据在工业中应用的安全保障,包括设备安全、网络安全、控制安全、数据安全和应用安全。安全体系的作用是避免网络设施和系统软件受到内部和外部攻击,降低企业数据被未经授权访问的风险,确保数据传输与存储的安全性,实现对工业生产系统和商业系统的全方位保护。

1. 安全体系框架

工业领域的安全一般分为三类：信息安全、功能安全和物理安全。传统工业控制系统安全主要关注功能安全与物理安全，即防止工业安全相关系统或设备的功能失效，当失效或故障发生时，保证工业设备或系统仍能保持安全条件或进入安全状态。与传统的工业系统安全和互联网安全相比，工业互联网安全的范围、复杂度要大得多，也就是说，工业互联网的安全挑战更为艰巨。因此，工业互联网安全框架需要统筹考虑信息安全、功能安全与物理安全，聚焦信息安全，主要解决工业互联网面临的网络攻击等新型风险。

工业互联网安全框架从防护对象、防护措施及防护管理三个视角构建。针对不同的防护对象部署相应的安全防护措施，根据实时监测结果发现网络中存在的或即将发生的安全问题并及时做出响应。同时加强防护管理，明确基于安全目标的可持续改进的管理方针，从而保障工业互联网的安全。工业互联网安全框架如图2.19所示。

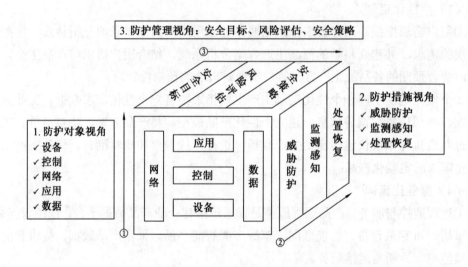

图 2.19　工业互联网安全框架

工业互联网安全框架的三个防护视角之间相对独立，但彼此之间又相互关联。从防护对象视角来看，安全框架中的每个防护对象，都需要采用一系列合理的防护措施并依据完备的防护管理流程对其进行安全防护；从防护措施视角来看，每一类防护措施都有其适用的防护对象，并在具体防护管理流程指导下发挥作用；从防护管理视角来看，防护管理流程的实现离不开对防护对象的界定，并需要各类防护措施的有机结合使其能够顺利运转。工业互联网安全框架的三个防护视角相辅相成、互为补充，形成一个完整、动态、持续的防护体系。

2. 安全体系组成

（1）防护对象。

工业互联网安全框架的防护对象主要包括设备安全、控制安全、网络安全、应用安全、数据安全五大防护对象，如图 2.20 所示。具体内容包括：

①设备安全，包括工厂内单点智能器件、成套智能终端等智能设备的安全，以及智能产品的安全，具体涉及软件安全与硬件安全两方面。

②控制安全，包括控制协议安全、控制软件安全以及控制功能安全。

③网络安全，包括承载工业智能生产和应用的工厂内部网络、外部网络及标识解析系统等的安全。

④应用安全，包括工业互联网平台安全与工业应用程序安全。

⑤数据安全，包括涉及采集、传输、存储、处理等各个环节的数据以及用户信息的安全。

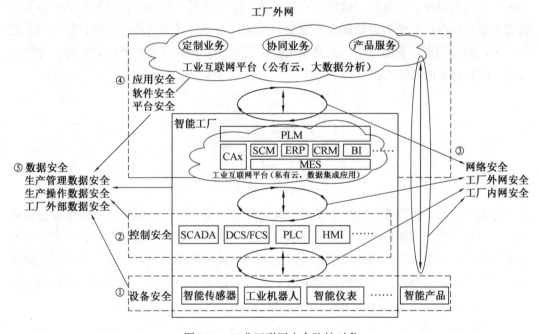

图 2.20　工业互联网安全防护对象

（2）防护措施。

为帮助相关企业应对工业互联网所面临的各种挑战，防护措施视角从生命周期、防御递进角度明确安全措施，实现动态、高效的防御和响应。工业互联网安全防护措施主要包括威胁防护、监测感知和处置恢复三大环节，如图 2.21 所示。

①威胁防护。针对五大防护对象，部署主被动防护措施，阻止外部入侵，构建安全运行环境，消减潜在安全风险。

②监测感知。部署相应的监测措施，实时感知内部、外部的安全风险。

③处置恢复。建立响应恢复机制，及时应对安全威胁，并及时优化防护措施，形成闭环防御。

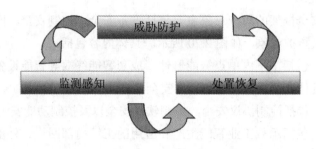

图 2.21　工业互联网安全防护措施

（3）防护管理。

防护管理根据工业互联网安全目标对面临的安全风险进行安全评估，并选择适当的安全策略作为指导，实现防护措施的有效部署。防护管理在明确防护对象及其所需要达到的安全目标后，对于其可能面临的安全风险进行评估，找出当前与安全目标之间存在的差距，制订相应的安全策略，提升安全防护能力，并在此过程中不断对管理流程进行改进。防护管理的内涵如图 2.22 所示。

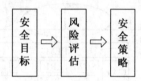

图 2.22　防护管理内涵

①安全目标。为确保工业互联网的正常运转和安全可信，应对工业互联网设定合理的安全目标，并根据相应的安全目标进行风险评估和安全策略的选择实施。工业互联网安全目标并非是单一的，需要结合工业互联网不同的安全需求进行明确。工业互联网安全包括保密性、完整性、可用性、可靠性、弹性和隐私安全六大目标，这些目标相互补充，共同构成了保障工业互联网安全的关键特性。

➤ 保密性：确保信息在存储、使用、传输过程中不会泄露给非授权用户或实体。

➤ 完整性：确保信息在存储、使用、传输过程中不会被非授权用户篡改，同时还要防止授权用户对系统及信息进行不恰当的篡改。

➤ 可用性：确保授权用户或实体对信息及资源的正常使用不会被异常拒绝，允许其可靠而及时地访问信息及资源。

➤ 可靠性：确保工业互联网系统在正常运行条件下能够正确执行指定功能。

➤ 弹性：确保工业互联网系统在受到攻击或破坏后及时恢复正常功能。

➤ 隐私安全：确保工业互联网系统内用户的隐私安全。

②风险评估。为管控风险，必须定期对工业互联网系统的各安全要素进行风险评估。

对应工业互联网整体安全目标,分析整个工业互联网系统的资产、脆弱性和威胁,评估安全隐患导致安全事件的可能性及影响,结合资产价值,明确风险的处置措施,包括预防、转移、接受、补偿、分散等,确保在工业互联网数据私密性、数据传输安全性、设备接入安全性、平台访问控制安全性、平台攻击防范安全性等方面提供可信服务,并最终形成风险评估报告。

③安全策略。工业互联网安全防护的总体策略,是要构建一个能覆盖安全业务全生命周期的,以安全事件为核心,实现对安全事件的"预警、检测、响应"的动态防御体系。该动态防御体系能够在攻击发生前进行有效的预警和防护,在攻击中进行有效的攻击检测,在攻击后能快速定位故障,进行有效响应,避免实质损失的发生。

安全策略中描述了工业互联网总体的安全考虑,并定义了保证工业互联网日常正常运行的指导方针及安全模型。通过结合安全目标以及风险评估结果,明确了当前工业互联网各方面的安全策略,包括对设备、控制、网络、应用、数据等防护对象应采取的防护措施,以及监测响应及处置恢复措施等。

小 结

本章首先阐述了工业互联网的定义和核心要素,介绍了智能制造的概念,并分析了工业互联网与智能制造的关系。接下来介绍了工业互联网的体系架构,并围绕网络、数据和安全这三个核心体系,详细介绍了工业互联网的技术体系。通过对本章的学习,可对工业互联网的概念和技术体系有一个全面的了解。

思考题

1. 请简述工业互联网的定义。
2. 工业互联网有哪几个核心要素?
3. 请简述智能制造的定义。
4. 智能制造系统有哪些特点?
5. 工业互联网与制造业的融合将带来哪四个方面的提升?
6. 从工业视角如何理解工业互联网?
7. 工业互联网体系架构的核心是什么?
8. 工业互联网体系架构包括哪三大闭环?
9. 工业互联网的技术体系由哪三个部分组成?
10. 工业互联网的网络体系包括哪几个子体系?
11. 工业互联网数据体系参考架构包括哪几层?
12. 工业互联网安全体系的防护对象包括哪些?

第 3 章　工业互联网平台概述

3.1　工业互联网平台的概念

3.1.1　工业互联网平台的定义

※　工业互联网平台的概念

工业互联网平台是面向制造业数字化、网络化、智能化需求，构建基于海量数据采集、汇聚、分析的服务体系，支撑制造资源泛在连接、弹性供给、高效配置的载体。

工业互联网平台是工业互联网的核心，是连接设备、软件、工厂、产品、人员等工业全要素的枢纽，是海量工业数据采集、汇聚、分析和服务的载体，是支撑工业资源泛在连接、弹性供给、高效配置的中枢，是实现网络化制造的核心依托。

工业互联网平台包含数据采集体系、工业 PaaS（Platform-as-a-Service，平台即服务）平台和应用服务体系三大核心要素。其中，数据采集是基础，工业 PaaS 是核心，工业应用是关键。其本质是通过构建精准、实时、高效的数据采集互联体系，建立面向工业大数据存储、集成、访问、分析、管理的开发环境，支撑工业技术、经验、知识的模型化、软件化、复用化，不断优化研发设计、生产制造、运营管理等资源配置效率，形成资源富集、多方参与、合作共赢、协同演进的制造业生态。从工业互联网平台的关键作用来看，其定位主要有三个方面。

1. 传统工业云平台的迭代升级

从工业云平台到工业互联网平台的演进包括成本驱动导向、集成应用导向、能力交易导向、创新引领导向、生态构建导向五个阶段，如图 3.1 所示。工业互联网平台在传统工业云平台的软件工具共享、业务系统集成基础上，叠加了制造能力开放、知识经验复用与第三方开发者集聚的功能，大幅提升工业知识生产、传播、利用效率，形成海量开放 APP 应用与工业用户之间相互促进、双向迭代的生态体系。

图 3.1　从工业云平台到工业互联网平台的演进过程

2. 新工业体系的操作系统

工业互联网平台依托高效的设备集成模块、强大的数据处理引擎、开放的开发环境工具、组件化的工业知识微服务,向下对接海量工业装备、仪器、产品,向上支撑工业智能化应用的快速开发与部署,发挥着类似于 PC 操作系统的重要作用,支撑构建了基于软件定义的高度灵活与智能的新工业体系。

3. 资源集聚共享的载体

工业互联网平台将信息流、资金流、人才创意、制造工具和制造能力在云端汇聚,将工业企业、信息通信企业、互联网企业、第三方开发者等主体在云端集聚,将数据科学、工业科学、管理科学、信息科学、计算机科学在云端融合,推动资源、主体、知识集聚共享,形成社会化的协同生产方式和组织模式。

3.1.2 工业互联网平台的特点

工业互联网平台的四大特点是泛在连接、云化服务、知识积累、应用创新。

(1) 泛在连接,即具备对设备、软件、人员等各类生产要素数据的全面采集能力。

(2) 云化服务,即基于云计算架构的海量数据存储、管理和计算。

(3) 知识积累,即能够提供基于工业知识机理的数据分析能力,并实现知识的固化、积累和复用。

(4) 应用创新,即能够调用平台功能及资源,提供开放的工业应用软件开发环境,实现工业软件创新应用。

3.2 工业互联网平台体系架构

一个典型的工业互联网平台如图 3.2 所示,自下而上由边缘层、基础设施层、平台层、应用层组成。

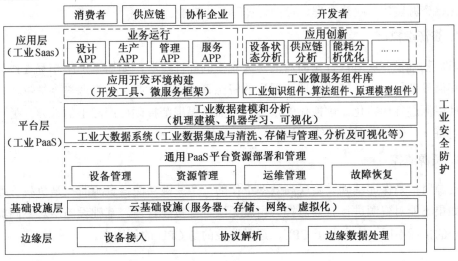

图 3.2 工业互联网平台技术体系架构

3.2.1 边缘层

边缘层构成了工业互联网平台的数据基础,边缘层的本质是利用泛在感知技术对各种智能设备、智能系统、运营环境、人员信息等要素进行实时高效采集,并在云端汇聚。边缘层实现的主要功能包括设备接入、协议解析和边缘数据处理。

1. 设备接入

设备接入是指通过各类通信手段将智能设备、智能系统和智能产品等接入平台边缘层,采集海量数据。

2. 协议解析

各种工业设备基于不同的协议接入边缘层,需要通过协议转换实现数据格式转换和统一。协议解析主要实现两方面的功能:

(1) 运用协议解析、中间件等技术兼容各类工业通信协议和软件通信接口,实现数据格式转换和统一。

(2) 从边缘层将采集到的数据传输到云端,实现数据的远程接入。

3. 边缘数据处理

边缘数据处理指在靠近设备或数据源头的网络边缘侧进行数据预处理、存储以及智能分析应用。与云平台的数据处理相比,边缘数据处理能提升操作响应灵敏度、消除网络堵塞。

3.2.2 基础设施层

基础设施层基于云计算技术的 IaaS(Infrastructure-as-a-Service,设施即服务,简称 IaaS)服务模式,将经过虚拟化的计算资源、存储资源和网络资源以基础设施即服务的方式通过网络提供给用户使用和管理。基础设施层提供底层基础 IT 资源,一般都具有资源虚拟化、资源监控、负载管理、存储管理等基本功能。

1. 资源虚拟化

搭建基础设施层时,首先面对的是大规模的硬件资源,如通过网络相互连接的服务器和存储设备等,为了能够实现高层次的资源管理逻辑,必须对资源进行抽象,也就是对硬件资源进行虚拟化。虚拟化的过程一方面需要屏蔽掉硬件产品上的差异,另一方面需要对每一种硬件资源提供统一的管理逻辑和接口。

2. 资源监控

资源监控是保证基础设施层高效率工作的一个关键功能。资源监控是负载管理的前提,如果不能对资源进行有效监控,也就无法进行负载管理。基础设施层对不同类型资源监控的指标不同,比如对于 CPU,通常监控的是 CPU 的使用率。

3. 负载管理

在基础设施层大规模的集群资源环境中，任何时刻参与节点的负载都是起伏不定的。云基础设施层的自动化负载平衡机制可以将负载进行转移，即从负载过高节点转移部分负载到负载过低节点，从而使得所有的资源在整体负载和整体利用率上面趋于平衡，尽量将服务器负载控制在理想范围内。

4. 存储管理

一个典型的基础设施服务上面会运行成千上万台虚拟机，每台虚拟机都有自己的镜像文件。通常一个镜像文件的大小约 10 GB，随着虚拟机运行过程中业务数据的产生，存储往往还会增加。基础设施云对镜像文件存储有着巨大的需求。另外，在云中运行的虚拟机内部的应用程序通常会有存储数据的需要。如果将这些数据存储在虚拟机内部则会使得支持高可用性变得非常困难。为了支持应用高可用性，可以将这些数据都存储在虚拟机外的其他地方，当一台虚拟机不可用时就直接快速启动另外一台相同的虚拟机并使用之前在虚拟机外存储的数据。

3.2.3 平台层

平台层基于云计算技术的 PaaS（Platform-as-a-Service，平台即服务）服务模式，在通用 PaaS 架构上构建了一个可扩展的操作系统，为工业应用软件的开发提供了一个基础平台。

在工业大数据应用中，数据采集和存储只是基础，重点是数据建模和分析。平台层通过数据建模和分析，将数据转换成有用的信息和知识，来为人类的工业生产服务。借助于平台层，开发者可以快速构建定制化的工业应用软件。具体而言，平台层的主要功能如下：

1. 通用 PaaS 平台资源部署和管理

通用 PaaS 平台资源部署和管理主要包括设备管理、资源管理、运维管理和故障恢复。

2. 工业大数据系统

工业大数据系统的功能主要包括工业大数据集成与清洗、存储与管理、分析及可视化等。

3. 工业数据建模和分析

工业数据建模和分析指利用机械、电子、物理、化学等领域专业知识，结合工业生产实践经验，基于已知工业机理构建各类模型，实现工业数据的分析应用，并运用数学统计、机器学习及最新的人工智能算法实现面向历史数据和实时数据的分类、关联和预测分析。

4. 应用开发环境构建

应用开发环境构建指为开发者提供一个工业应用软件的开发环境，使开发者能够借助平台提供的工业应用开发工具，快速构建定制化的工业应用软件。

5. 工业微服务组件库

工业微服务是工业互联网平台的载体，是以单一功能组件为基础，通过模块化组合方式实现"松耦合"应用开发的软件架构。一个微服务就是一个面向单一功能、能够独立部署的小型应用，将多个不同功能、相互隔离的微服务按需组合在一起并通过 API 集实现相互通信，就构成了一个功能完整的大型应用系统。

3.2.4 应用层

应用层基于云计算技术的 SaaS（Software-as-a-Service，软件即服务，简称 SaaS）服务模式，形成满足不同行业、不同场景的工业应用软件。应用层提供了设计、生产、管理、服务等一系列创新性业务应用。

该层由互联网企业、工业企业、众多开发者等多方主体参与应用开发，其核心是面向特定行业、特定场景开发在线监测、运营优化和预测性维护等具体的应用服务。

3.3 工业互联网平台应用

工业互联网平台在工业系统各层级环节都有广泛的应用空间，工业互联网平台的应用正从单一设备、单个场景的应用逐步向完整生产系统和管理流程过渡，最后将向产业资源协同组织的全局互联演进。目前，工业互联网平台主要应用于工业生产的四个场景中：生产过程优化、管理决策优化、资源配置优化和产品全生命周期优化，如图 3.3 所示。

※ 工业互联网平台应用

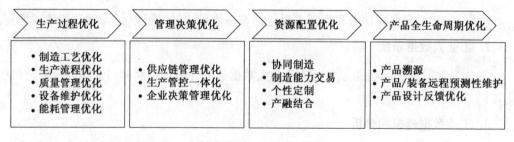

图 3.3 工业互联网技术应用

3.3.1 生产过程优化

工业互联网平台能够有效采集和汇聚设备运行数据、工艺参数、质量检测数据、物料配送数据和进度管理数据等生产现场数据，通过数据分析反馈在制造工艺优化、生产流程优化、质量管理优化、设备维护优化和能耗管理优化等具体场景中。

（1）制造工艺优化。

工业互联网平台可对工艺参数、设备运行参数等数据进行综合分析，找出生产过程中的最优参数，以提升制造品质。

（2）生产流程优化。

工业互联网平台通过对生产进度、物料管理、企业管理等数据进行分析，可提升排产、进度、物料、人员等方面管理的准确性。企业可以通过平台，协调生产环境中不同来源的数据，提取有价值的信息，实现生产任务的自动分配。

（3）质量管理优化。

工业互联网平台基于产品检验数据和"人、机、料、法、环"（如图 3.4 所示，是质量管理的五大关键因素）等过程数据进行关联性分析，实现在线质量监测和异常分析，以降低产品不良率。

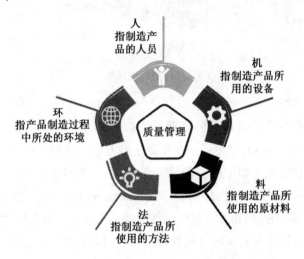

图 3.4　质量管理五大关键因素

（4）设备维护优化。

传统的设备运行维护多以定期检查、事后维修的预防策略为主，不仅耗费大量的人力和物力，而且效率低下。现代企业可通过工业互联网平台的监测技术，及时监控设备运行状态，结合设备历史数据与实时运行数据，实现运行设备的预测性维护。

（5）能耗管理优化。

工业互联网平台基于现场能耗数据的采集与分析，对设备、产线、场景能效使用进行合理规划，提高能源使用效率，实现节能减排。

3.3.2　管理决策优化

借助工业互联网平台可打通生产现场数据、企业管理数据和供应链数据，提升决策效率，实现更加精准与透明的企业管理，其具体场景包括供应链管理优化、生产管控一体化、企业决策管理等。

（1）供应链管理优化。

工业互联网平台可对供应的各个环节链（图3.5）进行计划、调度、调配、控制与利用，实时跟踪现场物料消耗，结合库存情况安排供应商进行精准配货，实现零库存管理，有效降低库存成本。

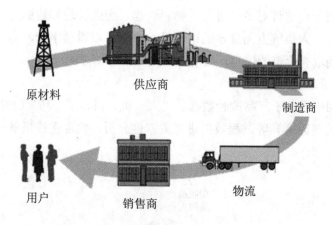

图3.5 供应链组成环节

（2）生产管控一体化。

企业基于工业互联网平台进行业务管理系统和生产执行系统集成，可实现企业管理和现场生产的协同优化。图3.6展示了一个借助工业互联网实现生产管控一体化的实例，通过对现场设备的物联集成（如生产设备、物流设备、检测设备），实时采集设备运行参数，通过工业云将数据传送至制造执行系统（Manufacturing Execution System，简称MES），同时实时接收MES下发的控制指令，最终反馈至相应设备，从而实现对现场设备的数字化管理。对现场设备运行数据的实时分析处理对生产过程控制、工艺优化具有重要意义。

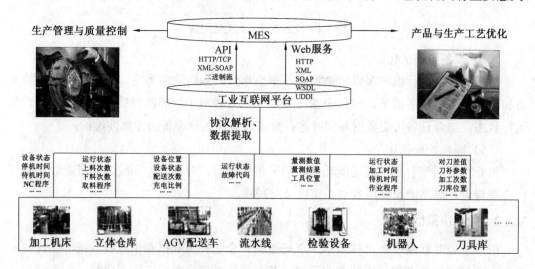

图3.6 生产管控一体化示例

（3）企业决策管理。

工业互联网平台通过对企业内部数据的全面感知和综合分析，有效支撑企业智能决策。

3.3.3 资源配置优化

工业互联网平台可实现制造企业与外部用户需求、创新资源、生产能力的全面对接，推动设计、制造、供应和服务环节的并行组织和协同优化。其具体场景包括协同制造、制造能力交易、个性定制与产融结合等。

（1）协同制造。

工业互联网平台通过有效集成不同设计企业、生产企业及供应链企业的业务系统，实现设计、生产的并行实施，大幅缩短产品研发设计与生产周期，降低成本。

（2）制造能力交易。

企业通过工业互联网平台对外开放空闲制造能力，实现制造能力的在线租用和利益分配。例如，企业可以通过平台以融资租赁模式向其他企业提供闲置的制造设备，按照制造能力付费，可有效降低用户资金门槛，释放产能。

（3）个性定制。

工业互联网平台可实现企业与用户的无缝对接，形成满足用户需求的个性化定制方案，提升产品价值，增强用户黏性。企业可以通过平台与用户进行充分交互，对用户个性化定制订单进行全过程追踪，同时将需求搜集、产品订单、原料供应、产品设计、生产组装和智能分析等环节打通，打造适应大规模定制模式的生产系统。

（4）产融结合。

工业互联网平台通过工业数据的汇聚分析，为金融行业提供评估支撑，为银行放贷、股权投资、企业保险等金融业务提供量化依据。例如，企业可与保险公司合作，基于机器设备的数据平台，指导保险对每一个机器设备进行精准定价，如图 3.7 所示。

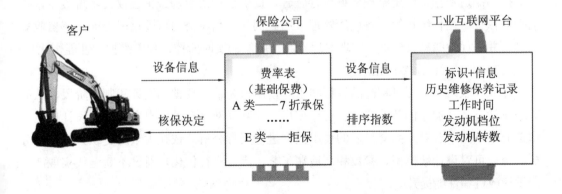

图 3.7 基于工业互联网的保险业务示例

3.3.4 产品全生命周期优化

产品全生命周期管理如图 3.8 所示。工业互联网平台可以将产品设计、生产、运行和服务数据进行全面集成,以全生命周期可追溯为基础,在设计环节实现可制造性预测,在使用环节实现健康管理,并通过生产与使用数据的反馈改进产品设计。当前其具体场景主要有产品溯源、产品/装备远程预测性维护、产品设计反馈优化等。

图 3.8 产品全生命周期管理

(1) 产品溯源。

工业互联网平台借助标识技术记录产品生产、物流、服务等环节的各类信息,使每个产品具备单一数据来源,综合形成产品档案,为产品售后服务提供全面准确信息,实现产品的全生命周期追溯系统。

(2) 产品/装备远程预测性维护。

工业互联网平台可以远程采集产品/装备的实时运行数据,并将实时运行数据与其设计数据、制造数据、历史维护数据进行融合,提供运行决策和维护建议,实现设备故障的提前预警、远程维护等设备健康管理应用。例如,船运公司可通过船上的传感器收集信息,并进行性能参数分析,实现对远洋航行船舶的实时监控、预警维护和性能优化。

(3) 产品设计反馈优化。

工业互联网平台可以将产品运行和用户使用行为数据反馈到设计和制造阶段,从而改进设计方案,加速创新迭代。企业可使用工业互联网平台助力自身产品的设计优化,由工业互联网平台对产品交付后的使用数据进行采集分析。依托大量历史积累数据的分析,企业可对设计端模型、参数和制造端工艺、流程进行优化,通过不断迭代实现产品的设计改进和性能提升。

3.4 工业互联网平台产业生态

3.4.1 工业互联网平台产业体系

工业互联网平台产业发展涉及多个层次、不同领域的多类主体。在产业链上游，云计算、数据管理、数据分析、数据采集与集成、边缘计算五类专业技术型企业为平台构建提供技术支撑；在产业链中游，装备与自动化、工业制造、信息通信技术、工业软件四大领域内的领先企业加快平台布局；在产业链下游，垂直领域用户和第三方开发者通过应用部署与创新不断为平台注入新的价值。

1. 四类平台企业

平台企业以集成创新为主要模式，以应用创新生态构建为主要目的，整合各类产业和技术要素实现平台构建，是产业体系的核心。

（1）装备与自动化企业从自身核心产品能力出发构建平台。

（2）生产制造企业将自身数字化转型经验以平台为载体对外提供服务。

（3）工业软件企业借助平台的数据汇聚与处理能力提升软件性能，拓展服务边界。

（4）信息技术企业发挥 IT 技术优势将已有平台向制造领域延伸。

2. 两类平台用户

工业互联网应用主体以平台为载体开展应用创新，实现平台价值的提升。工业互联网平台通过功能开放和资源调用大幅降低工业应用创新门槛，其应用主体分为两类：

（1）行业用户在平台使用过程中结合本领域工业知识、机理和经验开展应用创新，加快数字化转型步伐。

（2）第三方开发者能够依托平台快速创建应用服务，形成面向不同行业不同场景的海量工业 APP，提升平台面向更多工业领域提供服务的能力。

3.4.2 工业互联网平台发展路径

不同类型的企业发展工业互联网平台有各自不同的路径。

1. 装备和自动化企业

装备和自动化企业凭借工业设备与经验积累打造工业互联网平台。这些企业具有大量生产设备与工业系统，以及多年沉淀形成的丰富的工业知识、经验和模型。平台化布局会推动底层设备数据的采集与集成以及工业知识的封装与复用，以此为基础形成创新型的服务模式。

2. 领先制造企业

领先制造企业将数字化转型成功经验转化为基于平台的服务能力。其包含两类典型的发展模式：一类是利用平台对接企业与用户，形成个性化定制服务能力；另一类是借助平台打通产业链各环节，进而优化资源配置，形成供需对接、资源共享等应用创新。

3. 软件企业

软件企业围绕业务升级需求，借助工业互联网平台实现能力拓展。这类企业通过构建平台来获取生产现场数据和远程设备运行数据，进而将这些数据与软件结合，提供更精准的决策支持以及更丰富的软件功能。由于软件企业类型不同，目前形成两种典型发展模式：一种是管理软件企业依托平台实现从企业管理层到生产层的纵向数据集成，进而提升软件的智能精准分析能力；另一种是设计软件企业借助平台强化基于全生命周期的数据集成能力，形成基于数字孪生的创新应用，进而缩短研发周期，加快产品迭代升级。

4. 信息和通信技术企业

信息和通信技术企业发挥技术优势，将已有平台向制造领域延伸。这类企业在已有通用平台的基础上，不断丰富面向工业场景的应用服务能力，同时加强与制造企业合作，强化制造领域服务能力。该类路径发展模式大体分为三种：第一种是面向工业场景，提供大数据分析能力；第二种是面向工业场景，提供云计算能力，例如云计算基础设施；第三种是面向工业场景，提供设备连接能力，借助网关设备、软件、管理系统，实现各类底层数据采集和集成。

3.5 典型工业互联网平台介绍

3.5.1 INDICS 平台

INDICS（Industrial Intelligent Cloud System）是中国航天科工集团公司于 2017 年 6 月发布的工业互联网平台。INDICS 是以工业大数据为驱动，以云计算、大数据、物联网技术为核心的工业互联网开放平台，可以实现产品、机器、数据、人的全面互联、互通和综合集成。INDICS 平台的架构如图 3.9 所示。

INDICS 平台能够提供涵盖 IaaS、DaaS、PaaS 和 SaaS 的完整工业互联网服务功能，适合不同层次、类型、规模的企业；INDICS 平台在 IaaS 层自建数据中心，在 DaaS 层提供丰富的大数据存储和分析产品与服务，在 PaaS 层提供工业服务引擎、面向软件定义制造的流程引擎、大数据分析引擎、仿真引擎和人工智能引擎等工业 PaaS 服务，以及面向开发者的公共服务组件库和 200 多种 API 接口，支持各类工业应用快速开发与迭代。

INDICS 提供 Smart IOT 产品和 INDICS-OpenAPI 软件接口，支持工业设备/产品和工业服务的接入，实现"云计算+边缘计算"混合数据计算模式。平台对外开放自研软件与众研应用 APP 共计 500 余种，涵盖了智能研发、精益制造、智能服务、智慧企业、生态应用等全产业链、产品全生命周期的工业应用能力。

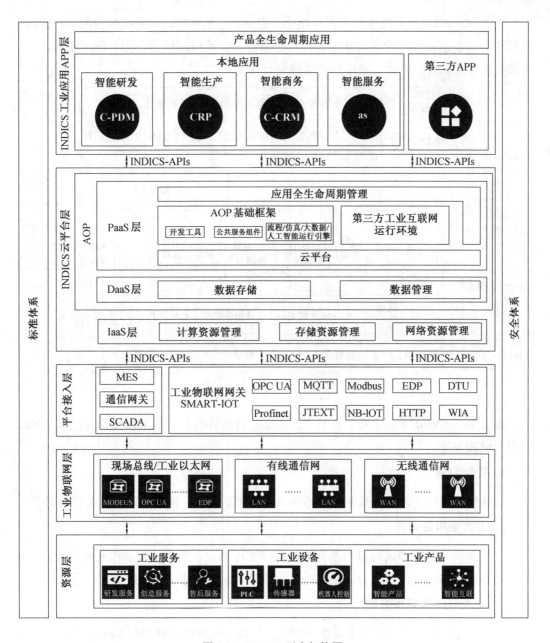

图 3.9 INDICS 平台架构图

3.5.2 根云 RootCloud 平台

树根互联是由三一集团孵化的工业互联网赋能平台。2017 年 2 月,树根互联发布了根云 RootCloud 平台,其架构如图 3.10 所示。

根云 RootCloud 平台主要基于三一重工在装备制造及远程运维领域的经验,由 OT 层向 IT 层延伸构建平台,重点面向设备健康管理,提供端到端工业互联网解决方案和服务。

根云 RootCloud 平台能够为各行业企业提供基于物联网、大数据的云服务，面向机器制造商、金融机构、业主、使用者、售后服务商、政府监管部门提供应用服务，同时对接各类行业软件、硬件、通信商开展深度合作。

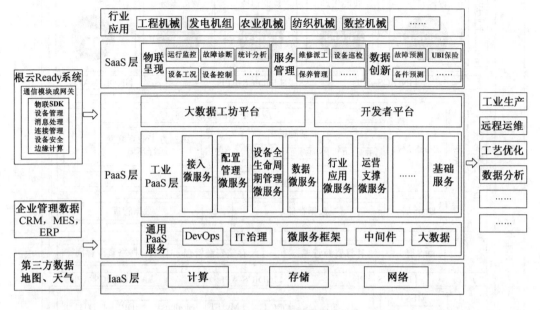

图 3.10　根云平台架构

根云 RootCloud 平台主要具备三方面功能：智能物联、大数据和云计算，以及 SaaS 应用和解决方案。

1. 智能物联

智能物联通过传感器、控制器等感知设备和物联网络，采集、编译各类设备数据。

2. 大数据和云计算

大数据和云计算面向海量设备数据，提供数据清洗、数据治理、隐私安全管理等服务以及稳定可靠的云计算能力，并依托工业经验知识谱构建工业大数据工作台。

3. SaaS 应用和解决方案

根云 RootCloud 平台为企业提供端到端的解决方案和即插即用的 SaaS 应用，并为应用开发者提供开发组件，方便其快速构建工业互联网应用。

目前，根云 RootCloud 平台能够为企业提供资产管理、智能服务、预测性维护等工业应用服务。

3.5.3　ET 工业大脑平台

阿里云 ET 工业大脑平台依托阿里云大数据平台，建立产品全生命周期数据治理体系，通过大数据技术、人工智能技术与工业领域知识的结合实现工业数据建模分析，有效改善生产优良率、优化工艺参数、提高设备利用率、减少生产能耗，提升设备预测性维护能力，如图 3.11 所示。

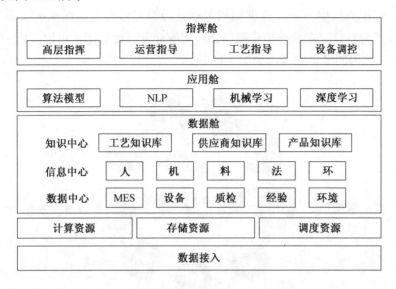

图 3.11　阿里云 ET 工业大脑平台参考架构

阿里云 ET 工业大脑平台包含数据舱、应用舱和指挥舱三大模块，分别实现数据知识图谱的构建、业务智能算法平台的构建以及生产可视化平台的构建。目前，阿里云 ET 工业大脑平台已在光伏、橡胶、液晶屏、芯片、能源、化工等多个工业垂直领域得到应用。

3.5.4　MindSphere 平台

西门子是全球电子电气工程领域的领先企业，业务主要集中在工业、能源、基础设施及城市、医疗四大领域。西门子于 2016 年推出 MindSphere 平台，如图 3.12 所示。该平台采用基于云的开放物联网架构，可以将传感器、控制器以及各种信息系统收集的工业现场设备数据，通过安全通道实时传输到云端，并在云端为企业提供大数据分析挖掘、工业应用软件开发以及智能应用增值等服务。

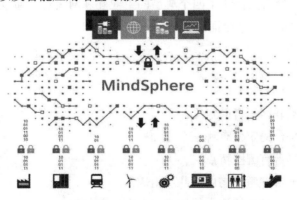

图 3.12　MindSphere 平台示意图

MindSphere 平台包括边缘连接层、开发运营层，应用服务层三个层级。其中边缘连接层负责将数据传输到云平台，开发运营层为用户提供数据分析、应用开发环境及应用开发工具，应用服务层为用户提供集成了行业经验和数据分析结果的工业智能应用。MindSphere 平台目前已在北美和欧洲的 100 多家企业开始试用，可以应用于包括电力能源、数字工厂在内的多个领域，如图 3.13 所示。

图 3.13　西门子 MindSphere 工业互联网平台的应用领域

小　结

工业互联网平台是面向制造业数字化、网络化、智能化需求，构建基于海量数据采集、汇聚、分析的服务体系，支撑制造资源泛在连接、弹性供给、高效配置的载体。本章介绍了工业互联网平台的定义和特点，并分析了工业互联网平台的体系架构的四个层次：边缘层、基础设施层、平台层和应用层。在此基础上，介绍了工业互联网平台的应用场景和产业生态。最后，介绍了四个典型的工业互联网平台。通过本章的学习，可对工业互联网平台的知识有一个全面的了解。

思考题

1. 请简述工业互联网平台的定义。
2. 工业互联网平台的定位有哪三个方面？
3. 工业互联网平台有哪些特点？
4. 工业互联网平台参考架构由哪几层组成？
5. 工业互联网平台参考架构中的边缘层有哪些功能？
6. 工业互联网平台参考架构中的平台层有哪些功能？

7. 请简述工业互联网平台在生产过程优化中的应用。
8. 请简述工业互联网平台在决策管理优化中的应用。
9. 请简述工业互联网平台在资源配置优化中的应用。
10. 工业互联网平台产业系统包括哪四类平台企业？
11. 工业互联网平台有哪几条发展路径？
12. 请简要介绍一个典型的工业互联网平台。

第 4 章　工业互联网关键技术

工业互联网是新一代信息技术与工业系统深度融合而形成的产业和应用生态。工业互联网不是一类技术，它综合运用了自动识别技术、传感器技术、无线传感网络技术、物联网技术、工业网络通信技术、云计算技术、大数据技术、数字孪生技术和人工智能技术等关键技术，如图 4.1 所示。

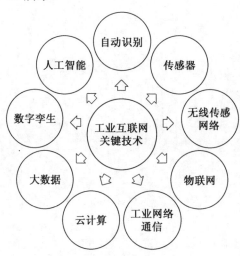

图 4.1　工业互联网关键技术

4.1　自动识别技术

4.1.1　自动识别技术概述

※　自动识别技术

1. 概念

自动识别技术是一种高度自动化的信息或数据采集技术。自动识别技术对字符、影像、条码、声音、信号等记录数据的载体进行自动识别，自动地获取识别物品的相关信息，并提供给后台计算机处理系统完成相关后续处理。自动识别技术是融合物理世界和信息世界的重要技术，也是工业互联网的基石。

一般来讲，工业互联网中物体的自动识别主要包括以下步骤：

（1）对物体属性进行标识，静态属性可直接存储在电子标签中，动态属性需要由传感器实时探测。

（2）用各种自动识别设备完成对物体属性的读取，并将信息转换成适合网络传输的格式。

（3）将物体的信息通过网络传输到信息处理中心，由信息处理中心完成物体信息的交换和通信。

自动识别完成了系统原始数据的采集工作，解决了人工数据输入的速度慢、误码率高、劳动强度大、工作简单重复性高等问题，为计算机信息处理提供了快速、准确地进行数据采集输入的有效手段，因此，自动识别技术作为一种革命性的高新技术，正迅速被人们所接受。

2．主要分类

按照被识别对象的特征，自动识别技术可分为两大类，即数据采集技术和特征提取技术，如图4.2所示。

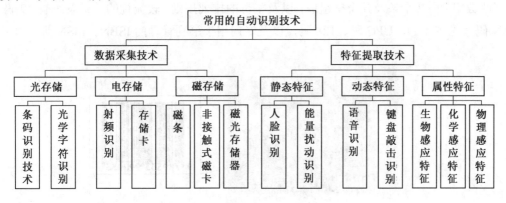

图4.2　自动识别技术的分类

（1）数据采集技术。

数据采集技术的基本特征是需要被识别物体具有特定的识别特征载体，如唯一性的标签、光学符号等。按存储数据的类型，数据采集技术可分为光存储、电存储和磁存储。

（2）特征提取技术。

特征提取技术根据被识别物体本身的生理或行为特征来完成数据的自动采集与分析，如语音识别、指纹识别等。按特征的类型，特征提取技术可分为静态特征、动态特征和属性特征。

根据自动识别技术的应用领域和具体特征，以下将重点介绍条码识别技术、光学字符识别、射频识别、生物特征提取等几种典型的自动识别技术。

4.1.2　典型自动识别技术介绍

1．条码识别技术

条码识别技术的核心是条码符号，其由一组规则排列的黑条、空白以及相应的数字字符组成。条码是将宽度不等的多个黑条和空白按一定的编码规则排列，用于表示一组信息,黑条(简称条)指对光线反射率较低的部分,白条(简称空)指对光线反射率较高的部分。这种用条、空组成的数据编码可以供机器识读,而且很容易译成二进制数和十进制数。这些条和空可以有各种不同的组合方法,从而构成不同的图形符号,即各种符号体系(也称码制)。不同码制的条码,适用于不同的应用场合。条码一般有一维条码和二维码两种。

(1)一维条码。

常见的一维条码是由条和空排成的平行线图案。条码可以标识出物品的生产国、制造厂家、商品名称、生产日期,以及图书分类号、邮件起止地点、类别、日期等信息。通常一维条码所能表示的不过10个数字、26个英文字母及一些特殊字符,条码字符集最大所能表示的字符个数为128个ASCII字符,信息量非常有限。

现有的一维条码数量繁多,每种都有自己的一套编码规则,规定每个字母(可能是文字或数字)由几个条及几个空组成,以及字母的排列规则。较流行的一维条码有39码、EAN码(见图4.3)、UPC码、128码,以及专门用于书刊管理的ISBN、ISSN等。

图4.3 EAN码示例

不论哪一种码制,一维条码一般都是由以下几个部分构成的:静区(前)、起始符、数据符、终止符、静区(后),如图4.4所示。

图4.4 一维条码的组成

条码识读设备工作时,会发出光束扫过条码,光线在浅色的空上易反射,而在深色的条上则不反射,条码根据长短以及黑白的不同,反射回对应的不同强弱的光信号,光电扫描器将其转换成相应的电信号,经过处理变成计算机可接收的数据,从而读出商品上条码的信息。

(2)二维码。

普通的一维条码自问世以来,很快得到了普及并被广泛应用。由于条码的信息容量很小,条码通常是对物品的标识,而不是对物品的描述,很多描述信息只能依赖于数据库,因而条码的应用受到了一定的限制。与一维条码不同,二维码能够在横向和纵向两个方向同时表达信息,因此能在很小的面积内表达大量的信息。

二维码是用某种特定的几何图形,按照一定规律在二维平面上分布的黑白相间的图形。二维码在代码编制上巧妙地利用了二进制"0""1"的概念,使用若干与二进制相对应的几何形体来表示文字和数字信息,通过图像输入设备或光电扫描设备自动识读,以实现信息的自动处理。

二维码的优点在于能在纵横两个方向同时表示信息,因此能在很小的面积上表示大量的信息,超越了字母、数字的限制,可以将图片、文字、声音等进行数字化编码,用二维码表示出来。二维码容错能力强,即使有穿孔、污损等局部损坏,照样可以正确识读;误码率低,可以加入加密措施,防伪性好。

二维码有两种不同结构:矩阵式和线性堆叠式。

①矩阵式二维码。矩阵式二维码在一个矩形空间通过黑、白像素在矩阵中的不同分布进行编码。典型的码制有 Data Matrix、QR Code 等,如图 4.5(a)(b)所示。

②线性堆叠式二维码。线性堆叠式二维码在一维条码编码原理的基础上,将多个一维码在纵向堆叠而产生。典型的码制有 PDF417、Code 49、Code 16K 等,如图 4.5(c)~(e)所示。

(a) Data Matrix   (b) QR Code

(c) PDF417   (d) Code 49   (e) Code 16K

图 4.5 几种常用的二维码

2. 光学字符识别

光学字符识别(Optical Character Recognition,OCR)是指利用数码相机、扫描仪等电子设备将印刷体图像和文字转换为计算机可识别的图像信息,再利用图像处理与字符识别技术将上述图像信息转换为计算机文字,以便对其进行进一步编辑加工的系统技术。OCR 是一种图案识别技术,能够使设备通过光学的机制来识别字符,节省因键盘输入花费的人力与时间。OCR 字符识别示例如图 4.6 所示。

图 4.6　OCR 字符识别示例

OCR 系统的识别过程包括图像输入、图像预处理、特征提取、比对识别、字词后处理和结果输出等几个阶段,如图 4.7 所示,其中最为关键的环节是特征提取和比对识别。

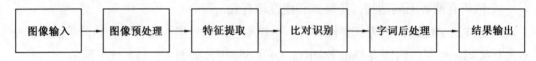

图 4.7　OCR 系统的识别过程

(1)图像输入。图像输入就是将要处理的档案通过光学设备输入到计算机中。一般的 OCR 系统的输入装置可以是扫描仪、传真机、摄像机或数码相机等。

(2)图像预处理。图像预处理包含图像正规化、去除噪声、图像校正等图像预处理及图文分析、文字行与字分离的文件前处理。

(3)特征提取。特征提取是 OCR 系统的核心,用什么特征、怎么提取,直接影响识别的好坏。

(4)比对识别。图像的特征被提取后,不管是统计特征还是结构特征,都必须有一个特征数据库来进行比对。利用专家知识库和各种特征比对方法的相异互补性,可以提高识别的正确率。

(5)字词后处理。由于 OCR 的识别率无法达到 100%,为了进一步提高比对的正确率,一些清除错误、自动更正的功能也成为 OCR 系统的必要模块。字词后处理就是其中之一。

(6)结果输出。结果输出需要看使用者的目的,如果只要文本文件做部分文字的再使用,则只要输出一般的文字文件即可;如果需要和输入文字一模一样,则需要原文重现的功能。

OCR 系统的应用领域比较广泛，如零售价格识读、订单数据输入、单证识读、支票识读、文件识读、微电路及小件产品上的状态特征识读等。在智能交通的应用中，可使用 OCR 技术自动识别过往车辆的车牌号码。

3. 无线射频识别技术

无线射频识别（Radio Frequency Identification，RFID）技术是一项利用射频信号通过空间耦合实现无接触信息双向传递，并通过所传递的信息达到识别目的的技术。

RFID 技术是一种非接触式自动识别技术，识别过程无需人工干预，可工作于各种恶劣环境，可识别高速运动物体，可同时识别多个标签，操作快捷方便。这些优点使 RFID 成为工业互联网的关键技术之一。RFID 的应用历史最早可以溯源到二战期间，那时 RFID 就已被用于敌我军用飞行目标的识别。

（1）RFID 系统组成。

一个典型的 RFID 系统的组成如图 4.8 所示，主要包括标签、阅读器、天线和计算机（实现数据管理功能）。它是利用射频方式进行非接触双向通信，以达到自动识别目标对象并获取相关数据的目的，具有精度高、适应环境能力强、抗干扰强、操作快捷等许多优点。

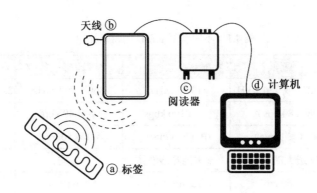

图 4.8　一个典型的 RFID 系统的组成

（2）工作原理。

阅读器通过天线发射一定频率的射频信号，标签进入天线工作区域时，标签被激活，将自身的信息代码通过内置天线发出，阅读器获取标签信息代码并解码后，将标签信息送至计算机进行处理。如图 4.9 所示，在射频识别系统工作过程中，始终以能量作为基础，通过一定的时序方式来实现数据交换。

阅读器将标签发来的调制信号经过解调解码后，通过 USB、串口、网口等将得到的信息传给应用系统。应用系统可以给读卡器发送相应的命令，控制阅读器完成相应的任务。RFID 系统的基本工作流程如下。

①阅读器将无线载波信号经发射天线向外发射。

②电子标签进入阅读器发射天线工作区时被激活,并将自身信息代码由天线发射出去。

③阅读器接收天线收到电子标签发出的载波信号,传给阅读器,阅读器对信号进行解码,送到数据管理系统进行相关处理。

④数据管理系统针对不同的设定做出相应的处理和控制,发出指令信号控制执行机构的动作。

⑤执行机构按指令动作。

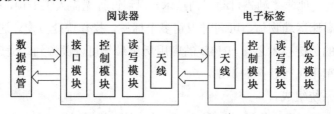

图 4.9 RFID 系统原理框图

(3)技术分类。

根据阅读器的发射频率,RFID 分为低频(135 kHz 以下)、高频(13.56 MHz)、超高频(860~960 MHz)和微波(2.45 GHz 或 5.8 GHz)四个频段。不同频率 RFID 的特点比较见表 4.1。

表 4.1 不同频率 RFID 的特点比较

频率划分	低频	高频	超高频	微波
工作频率	125 kHz 或 134.2 kHz	13.56 MHz	860~960 MHz	2.45 GHz 或 5.86 GHz
数据速率	低(8 kbps)	较高(106 kbps)	高(640 kbps)	高(≥1 Mbps)
识别速度	低(≤1 m/s)	中(≤5 m/s)	高(≤50 m/s)	中(≤10 m/s)
穿透能力	能穿透大部分物体	基本能穿透液体	较弱	最弱
作用距离	≤60 cm	1 cm~1 m	1~10 m	25~50 cm
抗电磁干扰	弱	较弱	中	中
天线结构及尺寸	线圈,大	印刷线圈,较大	双极天线,较小	线圈,小
典型应用	身份识别、考勤系统、门禁系统、一卡通等	物流管理、公交卡、一卡通、安全门禁等	供应链物流管理、高速公路收费等	移动车辆识别、电子身份证、仓储物流应用等

(4)技术应用。

下面主要具体分析研究射频识别在交通、门禁安保、零售和图书管理领域的应用。

①交通领域。高速公路自动收费系统,也被称为不停车收费系统(Electronic Toll Collection,ETC)。其工作流程大致为:车辆驶入自动收费车道的感应线圈,射频识别标签产生感应电流,向 ETC 系统发送信号,将车辆的信息传输到收费中心;收费中心把

收集来的信息进行数据信息判断,并把计算出的结果通过网络传输到收费中心;收费中心处理传输过来的数据,将处理结果即收费标准等传输至收费站,然后收费站对用户进行自动费用扣除,其工作过程如图 4.10 所示。

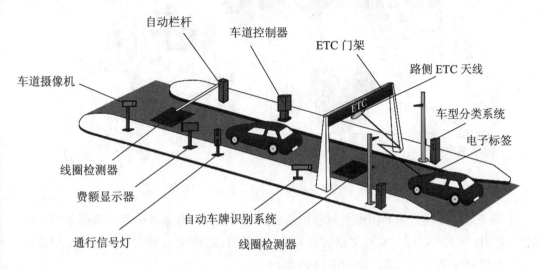

图 4.10　高速公路不停车收费系统工作示意图

②门禁安保领域。将来的门禁安保系统也可应用射频卡作为身份识别载体,并能适用到多个场合,比如用作工作证、出入证、停车卡、饭店住宿卡甚至旅游护照等,以明确对象身份后,简化出入手续、提高工作效率。门禁安保领域应用示例如图 4.11 所示。

(a) 门禁卡　　　　　　(b) 智能通道闸系统

图 4.11　门禁安保领域应用示例

③零售业领域。射频识别技术在零售业有着广泛的应用空间,如商品库存、物流管理(根据 RFID 标签内容和应用系统信息及时跟踪商品的位置)、商品防伪(通过唯一性标识以及联网的数据查询系统鉴别物品真伪)、购物自动结算等,如图 4.12 所示。

图 4.12　射频识别技术在服装行业中应用示例

④图书管理领域。图书馆应用射频识别技术可以取代所有条形码和防盗磁条的全部功能。RFID 技术可以用于实现文献信息采集、书籍的自助借还、图书统计补缺、门禁防盗、信息管理智能化等功能，如图 4.13 所示。

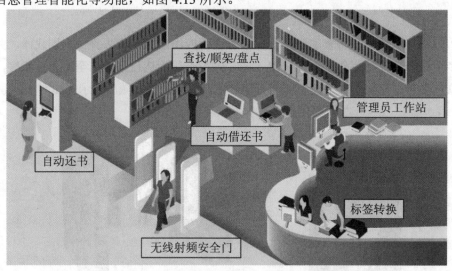

图 4.13　图书馆 RFID 管理系统示例

4. 生物特征提取

生物特征提取技术主要是指通过人类生物特征进行身份认证的一种技术。具体地说，生物特征提取技术就是通过计算机与光学、声学、生物传感器和生物统计学原理等高科技手段相结合，利用人体固有的生理特征和行为特征来进行个人身份鉴定。其依据的是生物独一无二的个体生理特征或行为特征，这些特征可以测量和验证，具有遗传性或终身不变等特点。

生物特征的含义很广，大致可分为身体特征和行为特征两类。身体特征包括指纹、静脉、掌形、视网膜、虹膜、人体气味、脸型，甚至血管、DNA、骨骼等。行为特征包括签名、语音、步态等。生物特征提取系统对生物特征进行取样，提取其唯一的特征，转化成数字代码，并进一步将这些代码组合为特征模板。当进行身份认证时，识别系统获取该人的特征，并与数据库中的特征模板进行比对，以确定二者是否匹配，从而决定接受还是拒绝该人。

目前生物特征识别作为重要的智能化身份认证技术，在金融、公共安全、教育、交通等领域得到广泛的应用。目前人们已经发展了指纹识别、掌纹与掌形识别、虹膜识别、人脸识别、手指静脉识别、语音识别、签字识别、步态识别、键盘敲击习惯识别，甚至DNA识别等多种生物特征提取技术。以下以人脸识别和语音识别为例，对生物特征提取技术做一个简要介绍。

（1）人脸识别。

人脸识别技术是基于对人的脸部展开智能识别，对人的脸部不同结构特征进行科学合理检验，最终明确判断识别出检验者的实际身份，如图4.14所示。

图4.14 人脸识别流程示例

（2）语音识别。

语音识别的目标是将人类语音中的词汇内容转换为计算机可识别的数据。语音识别技术并非一定要把说出的语音转换为字典词汇，在某些场合只要转换为一种计算机可以识别的形式就可以了，典型的情况是使用语音开启某种行为，如组织某种文件、发出某种命令或开始对某种活动录音。

不同的语音识别系统，虽然具体实现细节有所不同，但所采用的基本技术相似。一般来说，主要包括训练和识别两个阶段。

在训练阶段，如图4.15所示，根据识别系统的类型选择一种能够满足要求的识别方法，采用语音分析方法分析出这种识别方法所要求的语音特征参数，把这些参数作为参考模型存储起来，形成参考模型库。

图4.15 语音识别的训练流程

在识别阶段，如图 4.16 所示，将输入语音的特征参数和参考模型库中的模式进行相似比较，将相似度高的模式所属的类别作为结果输出。

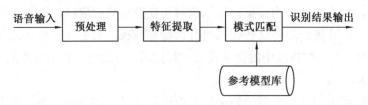

图 4.16　语音识别的识别流程

4.2　传感器技术

新技术革命的到来，世界开始进入工业互联网时代。在利用信息的过程中，首先要解决的问题就是如何获取准确可靠的信息，而传感器是获取自然和生产领域中信息的主要途径与手段。

在现代工业生产尤其是自动化生产过程中，要用各种传感器来监视和控制生产过程中的各个参数，使设备工作在正常状态或最佳状态，并使产品达到最好的质量。因此可以说，没有众多优良的传感器，现代化生产也就失去了基础。

4.2.1　传感器技术概述

1. 定义

传感器是一种检测装置，能感受到被测量的信息，并能将感受到的信息按一定规律变换成为电信号或其他所需形式的信息输出，以满足信息的传输、处理、存储、显示、记录和控制等要求。它是实现自动检测和自动控制的首要环节，也是工业互联网获取物理世界信息的基本手段。

国家标准 GB 7665—1987 对传感器的定义是："能感受规定的被测量并按照一定的规律(数学函数法则)转换成可用信号的器件或装置，通常由敏感元件和转换元件组成。"

2. 组成

传感器的组成如图 4.17 所示，敏感元件直接感受被测量，并输出与被测量有确定关系的物理量信号；转换元件将敏感元件输出的物理量信号转换为电信号；变换电路负责对转换元件输出的电信号进行放大调制；转换元件和变换电路一般还需要辅助电源供电。

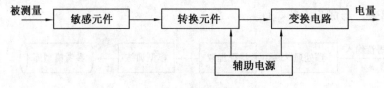

图 4.17　传感器的组成

3. 主要分类

传感器的分类比较繁杂，按不同的方式可以有不同的分类，下面将主要介绍几种常见的分类方法。

（1）按能量分类。

从能量角度上分类，传感器可分为能量转换有源型和能量控制无源型。能量转换有源型可分为自源型和带激励源型，自源型传感器不需要外界的能源，但输出电量较弱；带激励源型传感器不需要变换电路，可以产生较大的电量输出。

（2）按被测对象分类。

按传感器的被测对象分类，能够很方便地表示传感器的功能，也便于用户选用。按这种分类方法，传感器可以分为温度、压力、流量、物位、加速度、速度、位移、转速、力矩、湿度、黏度、浓度等传感器。生产厂家和用户都习惯于这种分类方法。

（3）按工作原理分类。

按工作原理分类是以传感器对信号转换的作用原理对传感器命名的，如应变式传感器、电容式传感器、压电式传感器、热电式传感器、电感式传感器、霍尔传感器等，这种分类方法较清楚地反映出了传感器的工作原理。

（4）按输入信号变换为电信号采用的效应分类。

①物理型传感器。是利用被测量物质的某些物理性质发生明显变化的特性制成的。

②化学型传感器。是利用能把化学物质的成分、浓度等化学量转化成电学量的敏感元件制成的。

③生物型传感器。是利用各种生物或生物物质的特性做成的，用以检测与识别生物体内化学成分的传感器。

4.2.2　常用传感器介绍

传感器的种类很多，分类的方法同样很多。常见的传感器包括电阻式传感器、电容式传感器、电感式传感器和光电传感器等。

1. 电阻式传感器

电阻式传感器是将被测非电量（位移、力、温湿度、形变、压力、加速度、扭矩等非电物理量）转换成电阻值变化的器件或装置。由于构成电阻的材料种类很多，如导体、半导体、电解质等，引起电阻变化的物理原因也很多，如材料的应变或应力变化、温度变化等，这就产生了各种各样的电阻式传感器。

电阻式传感器主要包括电阻应变式传感器和电位器式传感器。

（1）电阻应变式传感器其工作原理是基于电阻应变效应，即在导体产生机械变形时，它的电阻值相应发生变化。电阻应变式传感器具有测量精度高、范围广、分辨力高、频率响应特性好、尺寸小、环境适应性强等优点，其应用示例如图4.18所示。

（2）电位器式传感器。是一种把机械的线位移或角位移输入量转换为和它成一定函数关系的电阻值或电压值输出的传感元件，电位器式传感器如图 4.19 所示。

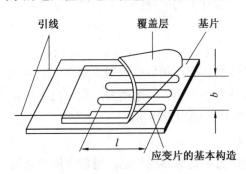
图 4.18　金属电阻应变片

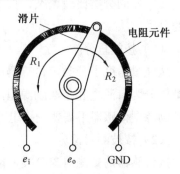
图 4.19　电位器式传感器

2. 电容式传感器

电容式传感器是把被测的机械量，如位移、压力等转换为电容量变化的传感器。它的敏感部分就是具有可变参数的电容器。其最常用的形式是由两个平行电极组成、极间以空气为介质的电容器。

电容式传感器是基于可变电容的原理来工作的。若忽略边缘效应，平板电容器的电容为

$$\frac{\varepsilon S}{d}$$

其中，ε 为极间介质的介电常数，S 为两极板互相覆盖的有效面积，d 为两电极之间的距离。ε，S，d 三个参数中发生任一个发生变化均将引起电容量变化，并可用于测量。因此电容式传感可分为极距变化型、面积变化型、介质变化型三类。

（1）极距变化型。一般用来测量微小的线位移或由于力、压力、振动等引起的极距变化。

（2）面积变化型。一般用于测量角位移或较大的线位移。

（3）介质变化型。常用于物位测量和各种介质的温度、密度、湿度的测定。

3. 电感式传感器

电感式传感器是使用电磁感应原理来检测或测量的设备。电感式传感器将位移、振动、压力、流量、转速、金属材质等被测非电量的变化转换为等效电感的自感或互感系数的变化，再通过信号调理电路将电感的变化转换为电压、电流、频率等电量的变化。电感式传感器主要包括自感式（见图 4.20）、差动变压器式（见图 4.21）和电涡流式（见图 4.22）这三类传感器。

电感式传感器具有结构简单、工作可靠、寿命长、灵敏度高、分辨率高、精度高、线性度好等优点，其主要缺点在于频率响应低，不适用于进行快速动态测量。

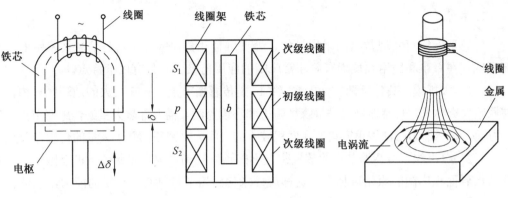

图 4.20　自感式传感器　　图 4.21　螺管型差动变压器式　　图 4.22　电涡流式传感器

4. 光电式传感器

光电式传感器是采用光电元件作为检测元件的传感器。它首先把被测量的变化转换成光信号的变化，然后借助光电元件进一步将光信号转换成电信号。光电传感器一般由光源、光学通路和光电元件三部分组成。

光电检测方法具有精度高、反应快、非接触等优点，而且可测参数多，传感器的结构简单，形式灵活多样，因此，光电式传感器在检测和控制中应用非常广泛。

光电式传感器是各种光电位测系统中实现光电转换的关键元件，它是把光信号（红外、可见及紫外光辐射）转变成为电信号的器件。它可用于检测直接引起光量变化的非电量，如光强、光照度、辐射测温、气体成分分析等；也可用来检测能转换成光量变化的其他非电量，如零件直径、表面粗糙度、应变、位移、振动、速度、加速度，以及物体的形状、工作状态的识别等。

4.3　无线传感网络技术

在科学技术日新月异的今天，传感器技术作为信息获取的一项重要技术，得到了很大的发展，并从过去的单一化逐渐向集成化、微型化和网络化方向发展。无线传感器网络综

※ 无线传感网络技术

合了传感器技术、嵌入式计算技术、分布式信息处理技术和通信技术，能够以协作的方式实时地监测、感知和采集网络区域内的各种对象的信息，并进行处理。

4.3.1　无线传感网络技术概述

1. 概念

无线传感器网络是由部署在监测区域内大量的微型传感器节点组成，通过无线通信的方式形成一个多路的自组织的网络系统，其目的是协作感知、采集和处理网络覆盖地理区域中感知对象的信息，并反馈给观察者。

2. 特点

传感器网络可实现数据的采集量化、处理融合和传输应用，它是信息技术中的一个新领域，在军事和民用领域均有着非常广阔的应用前景。它具有以下特点。

（1）大规模。其包括两方面的含义：一是传感器节点分布在很大的地理区域内，如在原始大森林采用传感器网络进行森林防火和环境监测，需要部署大量的传感器节点；另一方面，传感器节点部署很密集，在面积较小的空间内，密集部署了大量的传感器节点。

（2）自组织。传感器节点的放置位置不能预先精确设定，如通过飞机播撒大量传感器节点到面积广阔的原始森林中，这样就要求传感器节点具有自组织的能力，能够自动进行配置和管理。

（3）可靠性。无线传感网络技术特别适合部署在恶劣环境或人类不宜到达的区域，节点可以工作在露天环境中，遭受日晒、风吹、雨淋，甚至遭到人或动物的破坏。

（4）集成化。传感器节点的功耗低、体积小、价格便宜，实现了集成化。同时，微机电系统技术的快速发展会使传感器节点更加小型化。

3. 关键技术

无线传感器网络由无线传感器节点（监测节点）、网关节点、传输网络和远程监控中心四个基本部分组成，其组成结构如图 4.23 所示。

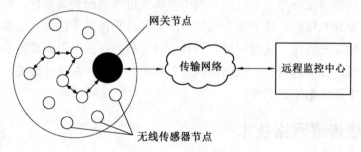

图 4.23　无线传感器网络的基本组成

（1）无线传感器节点。传感器节点具有感知、计算和通信能力，它主要由传感器模块、处理器模块、无线通信模块和电源组成，如图 4.24 所示，在完成对感知对象的信息采集、存储和简单的计算后，通过传输网络传送给远端的监控中心。

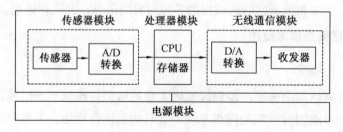

图 4.24　传感器节点的组成

（2）网关节点。无线传感器节点分布在需要监测的区域，监测特定的信息、物理参量等；网关节点将监测现场中的许多传感器节点获得的被监测量数据收集汇聚后，通过传输网络传送到远端的监控中心。

（3）传输网络。传输网络为传感器之间、传感器与监控中心之间提供通畅的通信，可以在传感器与监控终端之间建立通信路径。

无线传感器网络中的部分节点或者全部节点可以移动，但网络节点发生较大范围的移动，势必会使网络拓扑结构发生动态变化。节点间以自组网方式进行通信，网络中每个节点既能够对现场环境进行特定物理量的监测，又能够接收从其他方向传感器送来的监测信息数据，并通过一定的路由选择算法和规则将信息数据转发给下一个接力节点。网络中每个节点还具备动态搜索、定位和恢复连接的能力。

（4）远程监控中心。针对不同的具体任务，远程监控中心负责对无线传感器网络发送来的信息进行分析处理，并在需要的情况下向无线传感器网络发布查询和控制指令。

4.3.2　无线传感网络技术的应用

无线传感网络技术是当前信息领域中研究的热点之一，可用于特殊环境实现信号的采集、处理和发送。无线传感网络技术是一种全新的信息获取和处理技术，在智能制造中得到了越来越广泛的应用。

智能制造中的一个重要环节是工业过程的智能监测。将无线传感网络技术应用到智能监测中，将有助于工业生产过程工艺的优化，同时可以提高生产线过程检测、实时参数采集、生产设备监控、材料消耗监测的能力和水平，使得生产过程的智能监控、智能控制、智能诊断、智能决策、智能维护水平不断提高。工业用无线传感器网络示例图如图 4.25 所示。

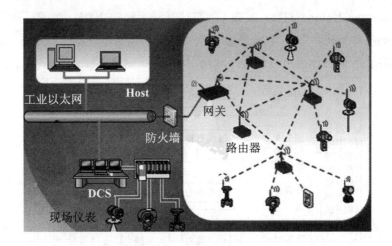

图 4.25　工业用无线传感器网络示例

该工业用无线传感网络的核心部分是低功耗的传感器节点（可以使用电池长期供电、太阳能电池供电，或风能、机械振动发电等）、网络路由器（具有网状网络路由功能）和无线网关（将信息传输到工业以太网和控制中心，或者通过互联网联网传输）。

4.4 物联网技术

物联网（Internet of Things，IoT）将地理分布的异构嵌入式设备通过高速稳定的网络连接起来，实现信息交互、资源共享和协同控制，是实现万物互联的一个重要前提和基础。

物联网与工业互联网概念有所不同，实际上，物联网更强调物与物的"连接"，而工业互联网则要实现人、机、物全面互联。具体而言，工业互联网是实现人、机、物全面互联的新型网络基础设施，可形成智能化发展的新兴业态和应用模式，而物联网技术是构建工业互联网的核心技术之一。

4.4.1 物联网技术概述

1. 物联网概念的提出和发展

网络深刻地改变着人们的生产和生活方式。随着感知识别技术的快速发展，以传感器和智能识别终端为代表的信息自动生成设备可以实时准确地开展对物理世界的感知、测量和监控。低成本芯片制造使得物联网的终端数目激增，而网络技术使得综合利用来自物理世界的信息变为可能。与此同时，互联网的触角（网络终端和接入技术）不断延伸，深入人们生产、生活的各个方面。一方面是物理世界的联网需求，另一方面是信息世界的扩展需求。来自上述两方面的需求催生出了一类新型网络——物联网。

2005年11月17日，在突尼斯举行的信息社会世界峰会上，国际电信联盟（International Telecommunications Union，ITU）发布了《ITU互联网报告2005：物联网》，正式提出了"物联网"的参考架构，如图4.26所示。报告指出，无所不在的"物联网"通信时代即将来临，世界上所有物体都可以通过互联网主动进行信息交换。

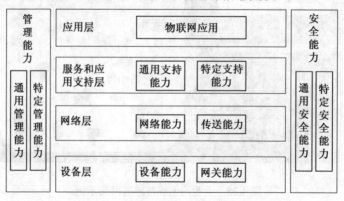

图 4.26　国际电信联盟物联网参考架构

中国在物联网上起步较早,技术和标准基本与世界同步。自 2009 年 8 月国务院提出"感知中国"以来,物联网被正式列为国家五大新兴战略性产业之一,写入"政府工作报告"。物联网在中国受到了全社会极大的关注,已经上升到国家战略的层面。

2012 年,物联网已从概念导入、试点示范,进入到了以实际应用带动整体发展的新阶段。在某些市场基础较好、产业链较为完善的领域,物联网开花结果,形成了一系列典型应用。

2013 年,中国将云计算、物联网列入重大科技规划,智慧城市数量达到 193 个。

2018 年,中国信通院联合业界共同发布《物联网白皮书(2018 年)》,从战略、应用、技术和标准、产业四个角度分析并归纳了物联网的发展,同时对未来重点发展方向进行研判。

2. 定义

"物联网概念"是在"互联网概念"的基础上,将其用户端延伸和扩展到任何物品与物品之间,进行信息交换和通信的一种网络概念。根据国际电信联盟(ITU)的定义:物联网是通过射频识别、红外感应器、全球定位系统、激光扫描器等信息传感设备,按约定的协议,把任何物品与互联网相连接,进行信息交换和通信,以实现智能化识别、定位、跟踪、监控和管理的一种网络。物联网就是"物物相连的互联网"。

物联网的定义可以从技术和应用两个方面来进行理解。从技术层面上讲,物联网是物体的信息利用感应装置,经过传输网络,到达指定的信息处理中心,最终实现物与物的自动化信息交互与处理的智能网络。从应用层面上讲,物联网是把世界上所有的物体都连接到一个网络中,形成物物相连的网络,达到更加精细和动态的方式去管理。

其实,所谓物联网就是对所需的环境和状态信息实时化地共享以及智能化地收集、传递、处理和执行,并通过各种可能的网络接入,实现物与物的泛在连接。

物联网有以下几个特点:

(1) 全面感知。工业物联网是利用了射频识别技术、传感器技术、二维码技术随时获取产品从生产过程直到销售到终端用户使用的各个阶段的信息数据。

(2) 互联传输。工业物联网通过专用网络和互联网相连的方式,实时将设备信息准确无误地传递出去。它对网络有极强的依赖性,且要比传统工业自动化信息化系统都更注重数据交互。

(3) 智能处理。工业物联网利用云计算、云存储、模糊识别及神经网络等智能计算的技术,对数据和信息进行分析并处理,结合大数据,深挖数据的价值。

(4) 自组织与自维护。一个功能完善的工业物联网系统应具有自组织与自维护的功能。其每个节点都要为整个系统提供自身处理获得的信息及决策数据,一旦某个节点失效或数据发生异常或变化时,那么整个系统将会自动根据逻辑关系来做出相应的调整。

3. 分类

按照物联网的部署方式分类，有私有物联网、公有物联网、社区物联网和混合物联网。

（1）私有物联网。私有物联网顾名思义就是私人拥有的小型网络。就像互联网中的局域网一样，它主要存在于一些公司企业的内部网络中。这些网络主要完成了公司内部的相关服务，并且公司自己进行维护和实施。

（2）公有物联网。公有物联网的对象是公众或大型用户群体。它基于互联网，涵盖广阔，网络上的信息被大家共有，它提供的服务也就更广泛，主要也是由所属机构自己运营维护。

（3）社区物联网。社区物联网向一个关联的"社区"或机构群体提供服务，可能由两个或两个以上的机构协同运行和维护，主要存在于内网和专网中。

（4）混合物联网。混合物联网是私有物联网、公有物联网、社区物联网中任意多个网络的组合，在后台统一运行维护。

4. 体系架构

物联网的特点总结起来说就是对周围世界实现"可知、可思、可控"。可知就是能够感知，可思就是具有一定智能的判断，可控就是对外产生及时的影响。物联网的这个特点分别对应了物联网体系架构中的三个层次：感知层、网络层、应用层，如图 4.27 所示。

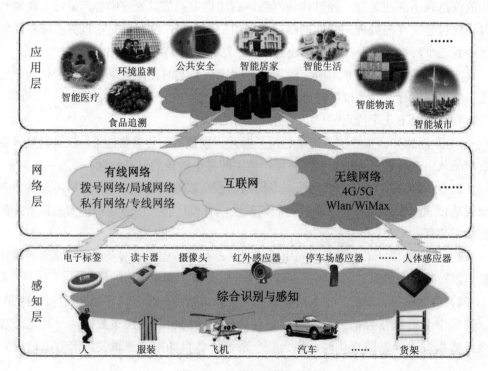

图 4.27　物联网体系架构

（1）感知层。

感知层通过传感器技术、RFID 技术、二维码、红外设备、GPS 等实现对物体的信息进行感知、定位和识别。感知层的作用相当于人的眼耳鼻喉和皮肤等的神经末梢，它是物联网识别物体、采集信息的来源，主要可分为自动识别技术、传感技术、定位技术。

（2）网络层。

网络层主要由各种私有网络、互联网、有线与无线通信网、网络管理系统和云计算平台等组成，负责传递和处理感知层获取的信息。网络层主要实现了两个端系统之间的数据透明、无障碍、高可靠性、高安全性的传送以及更加广泛的互联功能，具体功能包括寻址，以及路由选择、连接、保持和终止等。

（3）应用层。

应用层是物联网和用户（包括人、组织和其他系统）的接口，它与行业需求相结合，包含了支撑平台子层和应用服务子层。它由不同行业的应用组成，例如医学上有医学物联网，交通上有智能交通。它实现了跨行业、跨应用、跨系统之间的信息协同、共享和互通，达到了物联网真正的智能应用。

4.4.2　物联网技术的应用

物联网的用途广泛，遍及智能家居、智能交通、智能医疗等多个应用领域，如图 4.28 所示。互联网及物联网的结合，将会带来许多新的应用场景。

1. 智能家居

智能家居是以住宅为基础，利用物联网技术、网络通信技术、安全防范手段、自动控制技术、语音视频技术将家居生活有关的设施进行高度信息化集成，构建高效的住宅设施与家庭日程事务的管理系统，提升家居安全性、便利性、舒适性和艺术性，并实现环保节能的居住环境，如图 4.29 所示。

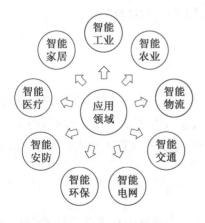

图 4.28　物联网的应用

图 4.29　智能家居示例

2. 智能交通

智能交通系统将先进的信息技术、数据通信传输技术、电子传感技术、控制技术及计算机技术等，有效地集成运用于整个地面交通管理系统。智能交通系统是一种在大范围、全方位发挥作用的综合交通运输管理系统，如图 4.30 所示。

3. 智能医疗

物联网在智能医疗的应用场景如图 4.31 所示，联网的便携式医疗设备可对病人进行远程监护，可实现对人体生理参数和生活环境的远程实时监测与详细记录，便于医务人员全面地了解病人的病历和生活习惯，提前发现并预防潜在疾病。

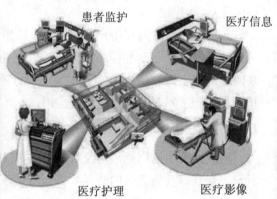

图 4.30　智能交通示例　　　　　　图 4.31　智能医疗示例

4.5　工业网络通信技术

工业网络通信泛指将终端数据上传到工业互联网平台并能通过工业互联网平台获取数据的传输通道。它通过有线、无线的数据链路将传感器和终端检测到的数据上传到工业互联网平台，接收工业互联网平台的数据并传送到各个扩展功能节点。

4.5.1　工业网络通信技术概述

1. 概念

网络是用物理链路将各个孤立的工作站或主机相连在一起，组成数据链路，从而达到资源共享和通信的目的。通信是人与人之间通过某种媒体进行的信息交流与传递。网络通信是通过网络将各个孤立的设备进行连接，通过信息交换实现人与人、人与计算机、计算机与计算机之间的通信。

2. 分类

工业互联网包含的网络通信技术按照数据传输介质主要分为有线通信技术和无线通信技术两大类。

（1）有线通信技术。

有线通信技术采用有线传输介质连接通信设备，为通信设备之间提供数据传输的物理通道。很多介质都可以作为通信中使用的传输介质，但这些介质本身有不同的属性，适用于不同的环境条件。在互联网应用中最常用的有线传输介质为双绞线和光纤。

（2）无线通信技术。

无线通信技术在信号发射设备上通过调制将信息加载于无线电波之上，当电波通过空间传播到达收信端时，电波引起的电磁场变化又会在导体中产生电流，通过解调将信息从电流变化中提取出来，从而达到信息传递的目的。无线通信的终端部分使用电磁波作为传输媒质，具有成本低、适应性强、扩展性好、连接便捷等优点。

4.5.2 工业有线通信技术

常见的工业有线通信技术包括现场总线、工业以太网和时间敏感网络。

1. 现场总线

现场总线是安装在生产过程区域的现场设备/仪表与控制室内的自动控制装置/系统之间的一种串行、数字式、多点通信的数据总线。其中，"生产过程"包括断续生产过程和连续生产过程两类。或者，现场总线是以单个分散的、数字化、智能化的测量和控制设备作为网络结点，用总线相连接，实现相互交换信息，共同完成自动控制功能的网络系统与控制系统。

现场总线系统是从分布式系统发展而来，是从"分散控制"发展到"现场控制"，数据的传输采用"总线"方式。

以下介绍几种常用的现场总线协议：

（1）Profibus 是一种快速总线协议，被广泛应用于分布式外围组件。

（2）Profinet 是一种针对开放式工业以太网制定的标准。

（3）Modbus 是一种基于主/从结构的开放式串行通讯协议，可在所有类型的串行接口上实现，已被广泛接受。

（4）RS232 和 RS485 是经典的串行接口，一直被广泛使用。

（5）CC-Link（Control & Communication Link，控制与通信链路）是一种开放式总线系统，用于控制级和现场总线级之间的通信。

现场总线系统的特点包括：

（1）系统的开放性。开放系统是指通信协议公开，各不同厂家的设备之间可进行互连并实现信息交换。

（2）互可操作性与互用性。互可操作性与互用性指实现互联设备间、系统间的信息传送与沟通，可实行点对点、一点对多点的数字通信。

（3）智能化与功能自治性。智能化与功能自治性是指将传感测量、补偿计算、工程量处理与控制等功能分散到现场设备中完成，仅靠现场设备即可完成自动控制的基本功能，并可随时诊断设备的运行状态。

（4）系统结构的高度分散性。由于现场设备本身已可完成自动控制的基本功能，使得现场总线已构成一种新的全分布式控制系统的体系结构。

（5）现场环境适应性。工作在现场设备前端，作为工厂网络底层的现场总线，是专为在现场环境工作而设计的，具有较强的抗干扰能力，并可满足本质安全防爆要求等。

2. 工业以太网

工业以太网是基于 IEEE 802.3（Ethernet）的强大的区域和单元网络。工业以太网提供了一个无缝集成到新的多媒体世界的途径。继 10 M 波特率以太网成功运行之后，具有交换功能，全双工和自适应的 100 M 波特率快速以太网（Fast Ethernet，符合 IEEE 802.3u 的标准）也已成功运行多年。采用何种性能的以太网取决于用户的需要。

工业以太网用户受到广泛支持并已经开发出相应产品的有 4 种主要协议：HSE、Modbus TCP/IP、ProfiNet、Ethernet/IP。

（1）HSE（High Speed Ethernet，高速以太网）是以太网协议 IEEE 802.3，TCP/IP 协议族与 FFIll 的结合体，HSE 定位于实现控制网络与 Internet 的集成。

（2）Modbus TCP/IP 协议以一种非常简单的方式将 Modbus 帧嵌入到 TCP 帧中，使 Modbus 与以太网和 TCP/IP 相结合，成为 Modbus TCP/IP。这是一种面向连接的方式，每一个呼叫都要求一个应答，这种呼叫/应答的机制与 Modbus 的主/从机制相互配合，使交换式以太网具有很高的确定性，利用 TCP/IP 协议，通过网页的形式可以使用户界面更加友好。

（3）ProfiNet 结合了 Profibus 与互联网技术，采用标准以太网作为连接介质，采用标准 TCP/IP 协议加上应用层的 RPC/DCOM 来完成节点间的通信和网络寻址。ProfiNet 可以同时挂接传统 Profibus 系统和新型的智能现场设备。

（4）Ethernet/IP 是基于 CIP（Controland Information Protocol）的协议，具有面向对象的特点，能够保证网络上隐式（控制）的实时 I/O 信息和显式信息（包括用于组态、参数设置、诊断等）的有效传输，适合工业环境应用。

工业以太网的特点如下：

（1）应用广泛。以太网是应用最广泛的计算机网络技术，常用编程语言都支持以太网的应用开发。

（2）通信速率高。10 Mb/s、100 Mb/s 的快速以太网已开始广泛应用，1 Gb/s 以太网技术也逐渐成熟，完全可以满足工业控制网络不断增长的带宽要求。

（3）资源共享能力强。以太网已渗透到各个角落，网络上的用户已解除了资源地理位置上的束缚，在联入互联网的任何一台计算机上就能浏览工业控制现场的数据。

（4）可持续发展潜力大。以太网的引入将为控制系统的后续发展提供可能性，同时，机器人技术、智能技术的发展都要求通信网络具有更高的带宽和性能，通信协议有更高的灵活性，以太网都能很好地满足这些要求。

3. 时间敏感网络（TSN）

时间敏感网络（Time Sensitive Networking，TSN）是 IEEE 802.1 工作小组中的 TSN 工作小组发展的系列标准。该标准定义了以太网数据传输的时间敏感机制，为标准以太网增加了确定性和可靠性，以确保以太网能够为关键数据的传输提供稳定一致的服务。

通用以太网是以非同步方式工作的，网络中任何设备都可以随时发送数据，因此在数据的传输时间上既不精准也不确定；同时，广播数据或视频等大规模数据的传输，也会因网络负载的增加而导致通信的延迟甚至瘫痪。因此，通用以太网技术仅仅是解决了许多设备共享网络基础设施和数据连接的问题，却并没有很好地实现设备之间实时、确定和可靠的数据传输。

出于对设备控制性能的要求，IEEE 802.1 工作组开发了 TSN 标准，其实指的是在 IEEE 802.1 标准框架下，基于特定应用需求制定的一组"子标准"，旨在为以太网协议建立"通用"的时间敏感机制，以确保网络数据传输的时间确定性。而既然是隶属于 IEEE 802.1 下的协议标准，TSN 就仅仅是关于以太网通信协议模型中的第二层，也就是数据链路层（更确切地说是 MAC 层）的协议标准。TSN 为以太网协议的 MAC 层提供一套通用的时间敏感机制，在确保以太网数据通信时间确定性的同时，也为不同协议网络之间的互操作提供了可能性。

TSN 有着带宽、安全性和互操作性等方面的优势，能够很好满足未来万物互联的要求。其主要的工作原理是优先适用（IEEE P802.3br）机制，在传输中让关键数据包优先处理。这意味着关键数据不必等待所有的非关键数据完成传送后才开始传送，从而确保更快速的传输路径。

4.5.3 工业无线通信技术

工业无线通信技术的各种不同类型分别适用于不同距离范围的设备连接，如图 4.32 所示。本节将介绍几种典型的工业无线通信技术。

1. 蓝牙

蓝牙（Bluetooth）是一个开放性的、短距离无线通信技术标准，它可以在较小的范围内通过无线连接的方式实现固定设备以及移动设备之间的网络互连，可以在各种数字设备之间实现灵活、安全、低成本、小功耗的话音和数据通信。因为蓝牙技术可以方便地嵌入到单一的 CMOS 芯片中，因此它特别适用于小型的移动通信设备。

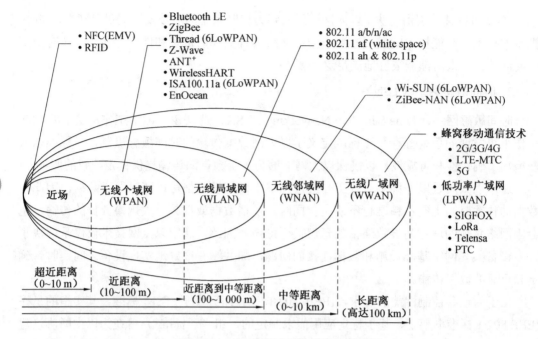

图 4.32 工业无线通信技术及适用距离

2. ZigBee

ZigBee，也称紫蜂，是一种短距离、低复杂度、低功耗的双向无线通信技术，是基于 IEEE 802.15.4 无线标准研制开发的有关组网、安全和应用软件方面的技术。ZigBee 在数千个微小的传感器之间相互协调，实现通信。这些传感器只需要很少的能量，以接力的方式通过无线电波将数据从一个传感器传到另一个传感器，所以它们的通信效率非常高。由于 ZigBee 技术数据速率较低、通信范围较小，主要适合于承载数据流量较小的业务。

3. WiFi 无线局域网

WiFi 是一种能够将个人计算机、手持设备（如平板电脑、手机）等终端以无线方式互相连接的技术。WiFi 其实是 IEEE 802.11b 标准的别称，它是一种短程无线传输技术，能够在数十米范围内支持互联网接入的无线电信号。从 20 世纪 90 年代至今，IEEE 制定了一系列 802.11 协议，最典型的是 802.11a、802.11b、802.11g、802.11n，现在 802.11 这个系列的标准已被统称为 WiFi。

4. 窄带物联网

窄带物联网（Narrow Band Internet of Things，NB-IoT）是工业互联网领域一个新兴的技术。NB-IoT 构建于蜂窝网络，支持低功耗设备在广域网的蜂窝数据连接，也被称为低功耗广域网（LPWAN）。NB-IoT 支持待机时间长、对网络连接要求较高设备的高效连接。NB-IoT 能提供非常全面的室内蜂窝数据连接覆盖。NB-IoT 的主要特点包括广覆盖、支持低延时敏感度、超低的设备成本、低设备功耗和优化的网络架构。

5. WirelessHART

WirelessHART 是基于高速可寻址远程传感器协议（Highway Addressable Remote Transducer Protocol，HART）的无线传感器网络标准。国际电工委员会于 2010 年 4 月批准发布了完全国际化的 WirelessHART 标准 IEC 62591（Ed.1.0），是第一个过程自动化领域的无线传感器网络国际标准。该网络使用运行在 2.4 GHz 频段上的无线电 IEEE 802.15.4 标准，采用直接序列扩频（DSSS）、通信安全与可靠的信道跳频、时分多址（TDMA）同步、网络上设备间延控通信等技术。WirelessHART 标准协议主要应用于工厂自动化领域和过程自动化领域，弥补了高可靠、低功耗及低成本的工业无线通信市场的空缺。

6. ISA100.11a

ISA100.11a 是第一个开放的、面向多种工业应用的标准族。ISA100.11a 标准定义的工业无线设备包括传感器、执行器、无线手持设备等现场自动化设备，主要内容包括工业无线的网络架构、共存性、鲁棒性以及与有线现场网络的互操作性等。ISA100.11a 标准可解决与其他短距离无线网络的共存性问题以及无线通信的可靠性和确定性问题，其核心技术包括精确时间同步技术、自适应跳信道技术、确定性调度技术、数据链路层子网路由技术和安全管理方案等，并具有数据传输可靠、准确、实时、低功耗等特点。

7. WIA

WIA（Wireless Networks for Industrial Automation，面向工业自动化的无线网络）技术是一种高可靠性、超低功耗的智能多跳无线传感网络技术，该技术提供一种自组织、自治愈的智能 Mesh 网络路由机制，能够针对应用条件和环境的动态变化，保持网络性能的高可靠性和强稳定性。WIA 包括 WIA-PA 和 WIA-FA 两项扩展协议。

（1）WIA-PA。

WIA-PA（Wireless Networks for Industrial Automation - Process Automation，面向工业过程自动化的工业无线网络标准）技术是一种经过实际应用验证的、适合于复杂工业环境应用的无线通信网络协议。它在时间上、频率上和空间上的综合灵活性，使这个相对简单但又很有效的协议具有嵌入式的自组织和自愈能力，大大降低了安装的复杂性，确保了无线网络具有长期而且可预期的性能。

（2）WIA-FA。

WIA-FA（Wireless Networks for Industrial Automation-Factory Automation，面向工厂自动化的工业无线网络标准）技术是专门针对工厂自动化高实时、高可靠性要求而研发的一组工厂自动化无线数据传输的解决方案，适用于工厂自动化对速度及可靠性要求较高的工业无线局域网络，可实现高速无线数据传输。

4.6 云计算技术

由于互联网技术的飞速发展,信息量与数据量快速增长,导致计算机的计算能力和数据的存储能力满足不了人们的需求。在这种情况下,云计算技术应运而生。云计算作为一种新型的计算模式,利用高速互联网的传输能力将数据的处理过程从个人计算机或服务器转移到互联网上的计算机集群中,带给用户前所未有的计算能力。

❋ 云计算技术

4.6.1 云计算技术概述

1. 定义

云计算(Cloud Computing)的出现并不是偶然的,早在20世纪60年代,就有人提出了把计算能力作为一种像水、电和天然气一样的公用事业提供给用户的理念,这是云计算的最早思想起源。

云计算是一种无处不在、便捷且按需对每一个共享的可配置计算资源(包括网络、服务器、存储、应用和服务)进行网络访问的模式,它能够通过最少量的管理以及与服务提供商的互动实现计算资源的迅速供给和释放。

云计算由分布式计算、并行处理、网格计算发展而来,是一种新兴的商业计算模式。它将计算任务分布在大量计算机构成的资源池上,使各种应用系统能够按需获取计算力、存储空间和信息服务。

云计算概念模型如图 4.33 所示。

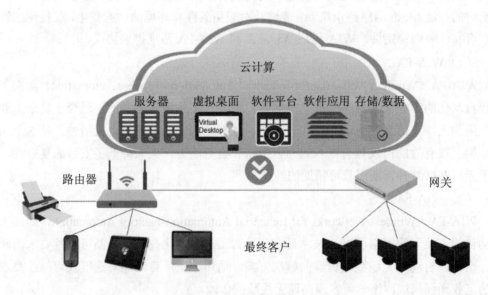

图 4.33 云计算概念模型

2. 特点

云计算将互联网上的应用服务以及在数据中心提供这些服务的软硬件设施进行统一管理和协同合作。云计算将 IT 相关的能力以服务的方式提供给用户，允许用户在不了解提供服务的技术、没有相关知识以及设备操作能力的情况下，通过互联网获取需要的服务，其特点如下。

（1）自助式服务。消费者无需同服务提供商交互就可以得到自助的计算资源能力，如服务器的时间、网络存储等（资源的自助服务），如图 4.34 所示。

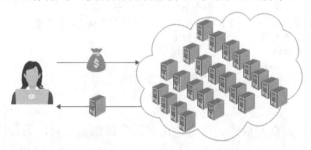

图 4.34 自助式服务

（2）无所不在的网络访问。消费者可借助于不同的客户端来通过标准的应用访问网络，如图 4.35 所示。

图 4.35 随时随地使用云服务

（3）划分独立资源池。根据消费者的需求来动态地划分或释放不同的物理和虚拟资源，这些池化的供应商计算资源以多租户的模式来提供服务。用户经常并不控制或了解这些资源池的准确划分，但可以知道这些资源池在哪个行政区域或数据中心，包括存储、计算处理、内存、网络宽带及虚拟机个数等。

（4）快速弹性。云计算系统能够快速和弹性提供资源并且快速和弹性释放资源。对消费者来讲，所提供的这种能力是无限的（就像电力供应一样，对用户来说，是随需的、大规模计算机资源的供应），并且可在任何时间以任何量化方式购买的。

（5）服务可计量。云系统对服务类型通过计量的方法来自动控制和优化资源使用（如存储、处理、宽带及活动用户数）。资源的使用可被监测、控制及可对供应商和用户提供透明的报告（即付即用的模式）。

3. 部署模式

云计算的部署模式分为四种：公有云、私有云、社区云和混合云。如图 4.36 所示。

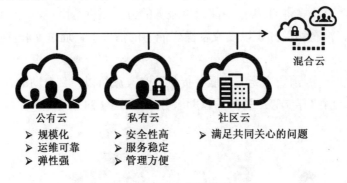

图 4.36　部署模式

（1）公有云。

公有云是一种对公众开放的云服务，由云服务提供商运营，为最终用户提供各种 IT 资源，可以支持大量用户的并发请求。公有云的示例如图 4.37 所示。

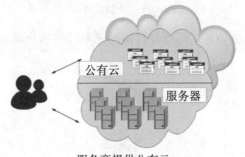

图 4.37　公有云示例

（2）私有云。

私有云指组织机构建设专供自己使用的云平台。私有云可部署在企业数据中心的防火墙内，也可以将它们部署在一个安全的主机托管场所，私有云的核心属性是专有资源。私有云的结构如图 4.38 所示。

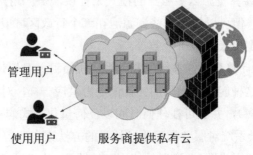

图 4.38　私有云结构图

（3）混合云。

混合云是由私有云及外部云提供商构建的混合云计算模式。使用混合云计算模式，机构可以在公有云上运行非核心应用程序，而在私有云上部署其核心程序以及处理内部敏感数据，如图 4.39 所示。

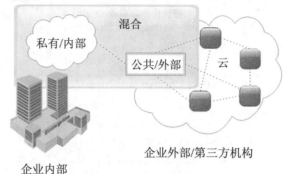

图 4.39　混合云结构图

（4）社区云。

社区云服务的用户是一个特定范围的群体，它既不是一个单位内部的，也不是一个完全公开的服务，而是介于两者之间。社区云的结构如图 4.40 所示。

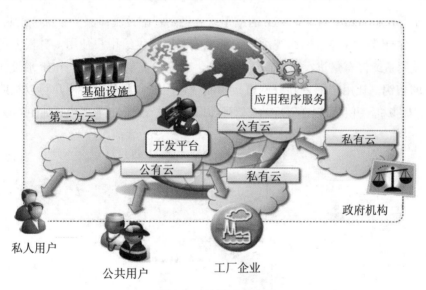

图 4.40　社区云结构图

4.6.2　云计算的服务模式

云计算服务即云服务，云服务是一种商业模式，它提供了丰富的个性化产品，以满足市场上不同用户的个性化需求。云服务提供商为大、中、小型企业搭建信息化所需要的网络基础设施、硬件运作平台和软件平台。对企业而言不需要硬件、软件和维护，只需要选择所需要的服务即可。

云服务按应用方式可以分为基础设施即服务（Infrastructure as a Service，IaaS）、平台即服务（Platform as a Service，PaaS）、软件即服务（Software as a Service，SaaS），如图4.41所示。

图 4.41　云服务的服务模式

云计算服务提供商可以专注于自己所在的层次，无需拥有三个层次的服务能力，上层服务提供商可以利用下层的云计算服务来实现自己计划提供的云计算服务。

1. IaaS

IaaS 是 Infrastructure as a Service 的缩写，意思是基础设施即服务。IaaS 指将 IT 基础设施能力（如计算、存储、网络能力等）通过互联网提供给用户使用，并根据用户对资源的实际使用量或占有量进行计费的一种服务。首先，提供给用户一个 IP 地址和一个访问服务器的密钥，让用户通过互联网直接控制或使用这台服务器。用户可以按照自己的需求来配置虚拟机，并且可以在以后动态管理虚拟机的设置。IaaS 服务模式如图 4.42 所示。

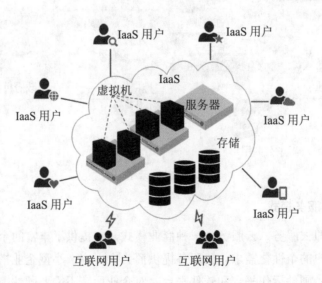

图 4.42　IaaS 服务示例图

2. PaaS

PaaS（Platform as a Service），即平台服务，是一种把服务器平台作为一种服务提供的商业模式，如图 4.43 所示。通过网络提供程序的服务称之为 SaaS（Softwafe as a Service），而提供相应的服务器平台或者开发环境作为服务就成了 PaaS。因此，PaaS 也是 SaaS 模式的一种应用。但是，PaaS 的出现可以加快 SaaS 的发展，尤其是加快 SaaS 应用的开发速度。

从传统角度来看，PaaS 实际上就是云环境下的应用基础设施，也可理解成中间件即服务。PaaS 为部署和运行应用系统提供所需的应用基础设施，所以应用开发人员无需关心应用的底层硬件和应用基础设施，并且可以根据应用需求动态扩展应用系统所需的资源。

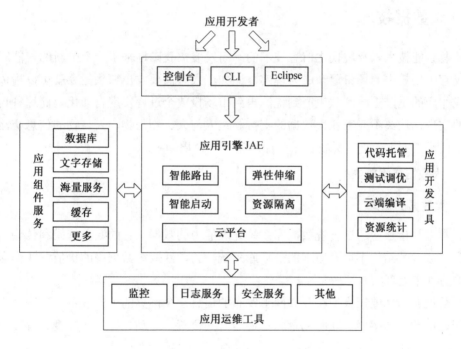

图 4.43　PaaS 服务示例图

3. SaaS

SaaS 是 Software as a Service 的缩写，意思是软件即服务，是基于互联网提供软件服务的运营模式。作为一种在 21 世纪开始兴起的创新的软件应用模式，SaaS 是软件科技发展的最新趋势。

SaaS 提供商为企业搭建信息化所需要的所有网络基础设施及软件、硬件运作平台，并负责所有前期的实施、后期的维护等一系列服务，企业无需购买软硬件、建设机房、招聘 IT 人员，即可通过互联网使用信息系统。SaaS 是一种软件布局模型，其应用专为网络交付而设计，便于用户通过互联网托管、部署及接入，如图 4.44 所示。

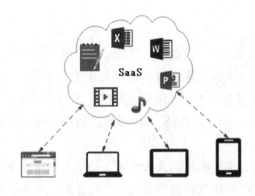

图 4.44　SaaS 服务示例图

4.7　大数据技术

随着智能技术以及现代化信息技术的不断发展，我国迎来了一个全新的智能时代，曾经仅存于幻想中的场景逐渐成为现实，比如工人只需要发出口头指令就可以指挥机器人完成相应的生产工序，从生产到检测再到市场投放全过程实现自动化。而这种自动化场景的实现，均离不开工业大数据的支持。在人与人、物与物、人与物的信息交流中逐步衍生出了工业大数据，并贯穿于产品的整个生命周期中。

4.7.1　大数据技术概述

1. 大数据的概念

大数据是指那些超过传统数据库系统处理能力的数据。它的数据规模和传输速度要求很高，或者其结构不适合原本的数据库系统。为了获取大数据中的价值，我们必须选择新的方式来处理它。

大数据并非单纯指人们在互联网上发布的信息，全世界的工业设备、汽车、电表上有着无数的数字传感器，随时测量和传递着有关位置、运动、振动、温度、湿度乃至空气中化学物质的变化，这些海量的数据信息都可以称为大数据。

对于企业组织来讲，大数据的价值体现在两个方面：分析使用和二次开发。对大数据进行分析能揭示隐藏于其中的信息，例如零售业中对门店销售、地理和社会信息的分析能提升对客户的理解。大数据技术是数据分析的前沿技术，简单来说，从各种各样类型的数据中，快速获得有价值信息的能力，就是大数据技术。

2. 大数据的特点

大数据具有五个主要的特点，如图 4.45 所示。

（1）数据量（Volumes）大。计量单位从 TB 级别上升到 PB、EB、ZB、YB 及以上级别。

（2）数据类别（Variety）大。数据来自多种数据源，数据种类和格式日渐丰富，既包含生产日志、图片、声音，又包含动画、视频、位置等信息，已冲破了以前所限定的结构化数据范畴，囊括了半结构化和非结构化数据。

（3）数据处理速度（Velocity）快。在数据量非常庞大的情况下，也能够做到数据的实时处理。

（4）价值密度（Value）低。随着物联网的广泛应用，信息感知无处不在，信息海量，但存在大量不相关信息，因此需要对未来趋势与模式做可预测分析，利用机器学习、人工智能等进行深度复杂分析。

（5）数据真实性（Veracity）高。随着社交数据、企业内容、交易与应用数据等新数据源的兴起，传统数据源的局限被打破，企业愈发需要有效的信息之力，以确保其真实性及安全性。

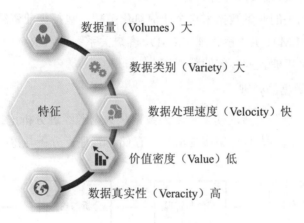

图 4.45　大数据的特征

3. 工业大数据

工业大数据是指在工业领域中，围绕典型智能制造模式，从客户需求到销售、到订单、计划、研发、设计、工艺、制造、采购、供应、库存、发货和交付、售后服务、运维、报废或回收再制造等整个产品全生命周期各个环节所产生的各类数据及相关技术和应用的总称。

工业大数据主要来自三个方面：工业现场设备、工厂外智能产品/装备以及企业经营相关的业务数据。

（1）工业现场设备。

工业现场设备主要通过现场总线、工业以太网、工业光纤网络等工业通信网络实现对工厂内设备的接入和数据采集。数据采集可分为三类：对传感器、变送器、采集器等专用采集设备的数据采集；对 PLC、RTU、嵌入式系统、IPC 等通用控制设备的数据采集；对机器人、数控机床、AGV 等专用智能设备/装备的数据采集。

工业现场设备方面的工业大数据主要基于智能装备本身或加装传感器两种方式采集生产现场数据,包括设备(如机床、机器人)数据、产品(如原材料、在制品、成品)数据、过程(如工艺、质量等)数据、环境(如温度、湿度等)数据、作业数据(现场工人操作数据,如单次操作时间)等。这些工业大数据主要用于工业现场生产过程的可视化和持续优化,实现智能化的决策与控制。

(2)工厂外智能产品/装备。

在工厂外智能产品/装备方面,通过工业物联网实现对工厂外智能产品/装备的远程接入和数据采集,主要采集智能产品/装备运行时关键指标数据,如工作电流、电压、功耗、电池电量、内部资源消耗、通信状态、通信流量等数据。这些工业大数据主要用于实现智能产品/装备的远程监控、健康状态监测和远程维护等应用。

(3)企业经营相关的业务数据。

企业经营相关的业务数据来自企业信息化范畴,包括企业资源计划(ERP)、产品生命周期管理(PLM)、供应链管理(SCM)、客户关系管理(CRM)和环境管理系统(EMS)等,此类数据是工业企业传统的数据资产。

4. 工业大数据的处理

从大数据的整个生命周期来看,大数据从数据源经过分析挖掘到最终获得价值需要经过四个环节,包括大数据集成与清洗、存储与管理、分析与挖掘、可视化,如图 4.46 所示。

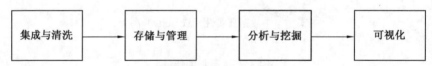

图 4.46　大数据处理流程

(1)大数据集成与清洗。大数据集成是把不同来源、格式、特点性质的数据有机集中。大数据清洗是将平台集中的数据进行重新审查和校验,发现和纠正可识别的错误,处理无效值和缺失值,从而得到干净、一致的数据。

(2)大数据存储与管理。大数据存储与管理是指采用分布式存储、云存储等技术将数据经济、安全、可靠地存储管理,并采用高吞吐量数据库技术和非结构化访问技术支持云系统中数据的高效快速访问。

(3)大数据分析挖掘。大数据分析挖掘是指从海量、不完全、有噪声、模糊及随机的大型数据库中发现隐含在其中有价值的、潜在有用的信息和知识。广义的数据挖掘是指知识发现的全过程;狭义的数据挖掘是指统计分析、机器学习等发现数据模式的智能方法,即偏重于模型和算法。

(4)大数据可视化。大数据可视化是指利用包括二维综合报表、VR/AR 等计算机图形图像处理技术和可视化展示技术,将数据转换成图形、图像并显示在屏幕上,使数据变得直观且易于理解，如图 4.47 所示。

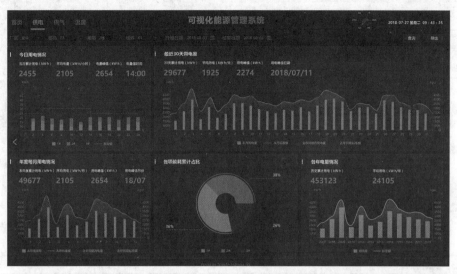

图 4.47 大数据可视化示例

4.7.2 大数据技术的应用

现代化工业制造生产线安装有数以千计的小型传感器，用来探测温度、压力、热能、振动和噪声。因为每隔几秒就收集一次数据，利用这些数据可以实现很多形式的分析，包括设备诊断、用电量分析、能耗分析、质量事故分析（包括违反生产规定、零部件故障）等。以下列举了工业大数据在智能制造生产系统中的应用。

1. 生产工艺改进

在生产过程中使用工业大数据，就能分析整个生产流程，了解每个环节是如何执行的。一旦有某个流程偏离了标准工艺，就会产生一个报警信号，能更快速地发现错误或者瓶颈所在，也就能更容易解决问题。

2. 生产流程优化

利用大数据技术，还可以对工业产品的生产过程建立虚拟模型，仿真并优化生产流程。当所有流程和绩效数据都能在系统中重建时，将有助于制造商改进其生产流程。

3. 能耗优化

在能耗分析方面，在设备生产过程中利用传感器集中监控所有的生产流程，能够发现能耗的异常或峰值情形，由此便可在生产过程中优化能源的消耗，对所有流程进行分析将会大大降低能耗。

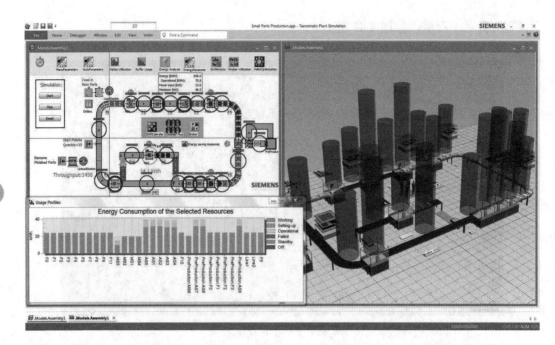

图 4.48　能源消耗管控示例

4.8　数字孪生技术

4.8.1　数字孪生技术概述

1. 定义

＊ 数字孪生技术

数字孪生（Digital Twin）是一种拟人化的说法，是指以数字化方式创建物理实体的虚拟模型，借助数据模拟物理实体在现实环境中的行为，并通过虚实交互反馈、数据融合分析、决策迭代优化等手段，为物理实体增加或扩展新的能力。作为一种充分利用模型、数据、智能并集成多学科的技术，数字孪生面向产品全生命周期过程，发挥连接物理世界和信息世界的桥梁和纽带作用，提供更加实时、高效、智能的服务。

通过数字孪生技术，可以将现实世界中复杂的产品研发、生产制造和运营维护转换成在虚拟世界相对低成本的数字化信息。通过对虚拟产品进行优化，可以加快产品研发周期，降低产品生产成本，方便对产品进行维护保养。

2. 概念模型

数字孪生的核心是模型和数据，数字孪生模型可表示为如图 4.49 所示的结构模型，主要包括物理实体、虚拟模型、服务系统、孪生数据四个组成部分。

（1）物理实体。物理实体通常由各种功能子系统（如控制子系统、动力子系统、执行子系统等）组成，并通过子系统间的协作完成特定任务。各种传感器部署在物理实体上，实时监测它的环境数据和运行状态。

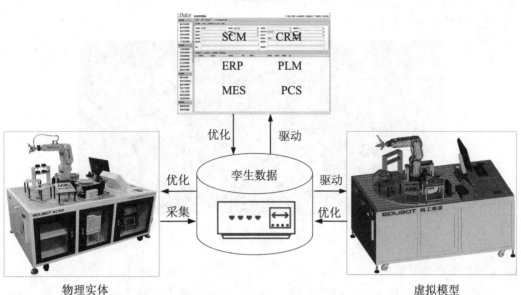

图 4.49　数字孪生的概念模型

（2）虚拟模型。虚拟模型是物理实体的数字化镜像，集成与融合了几何、物理、行为及规则四层模型。其中，几何模型描述尺寸、形状、装配关系等几何参数；物理模型分析应力、疲劳、变形等物理属性；行为模型响应外界驱动及扰动作用；而规则模型对物理实体运行的规律/规则建模，使模型具备评估、优化、预测、评测等功能。

（3）服务系统。服务系统集成了评估、控制、优化等各类信息系统，基于物理实体及虚拟模型提供智能运行、精准管控与可靠运维服务。

（4）孪生数据。孪生数据包括了物理实体、虚拟模型、服务系统的相关数据、领域知识及其融合数据，并随着实时数据的产生被不断更新与优化。孪生数据是数字孪生运行的核心驱动。

3. 分类

数字孪生可分为产品数字孪生、生产数字孪生和设备数字孪生三类。这三类数字孪生高度集成，成为一个统一的数据模型，从测试、开发、工艺及运维等角度，打破现实与虚拟之间的鸿沟，实现产品全生命周期内生产、管理、连接的高度数字化及模块化。

（1）产品数字孪生。

产品数字孪生可用于实际验证新产品性能，同时可以实时显示产品在物理环境中的表现。产品数字孪生提供虚拟与物理环境之间的连接，能够让生产商分析产品在各种条件下的性能，并在虚拟环境中进行调整，从而优化下一个实体产品。

图4.50展示了一个飞机引擎和它所对应的数字孪生,当飞机在空中飞行时数字孪生可以将发动机如何运转展示给地面的工程师,然后将这些信息连接到信息处理系统,帮助简化和优化维修流程。

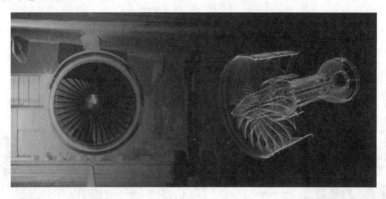

图4.50　产品数字孪生示例

(2)生产数字孪生。

生产数字孪生有助于在产品实际投入生产之前验证制造流程在车间中的效果。利用来自产品和生产数字孪生的数据,企业可以避免昂贵的设备停机时间,甚至可以预测何时需要进行预防性维护。这种持续的准确信息流能够加快制造运营速度,并可提供其效率与可靠性。

图4.51展示了一个飞机装配线的数字孪生,该数字孪生对数万平米生产空间和数千个对象进行了建模和实时监测,提高了飞机装配的质量和效率。

图4.51　生产数字孪生示例

(3)设备数字孪生。

设备数字孪生可用于对设备建模,并通过模型模拟设备的运动和工作状态,实现机械和电气设备的联动。

图4.52展示了哈工海渡工业机器人技能考核实训台和它所对应的数字孪生,该数字孪生可对工业机器人及周边设备进行三维虚拟仿真,能够实现仿真、轨迹编程和程序输出。

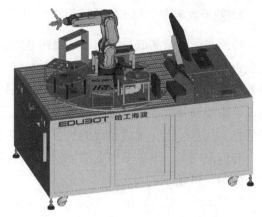

（a）哈工海渡工业机器人技能考核实训台　　　　（b）技能考核实训台数字孪生

图 4.52　设备数字孪生示例

4.8.2　数字孪生技术的应用

数字孪生在产品全生命周期内都有广泛的应用，目前主要有以下几类：产品设计、车间快速设计、工艺规划、车间生产调度优化、故障预测与健康管理。

1. 基于数字孪生的产品设计

产品设计是指根据用户使用要求，经过研究、分析和设计，提供产品生产所需的全部解决方案的工作过程。基于数字孪生的产品设计是指在产品数字孪生数据的驱动下，利用已有物理产品与虚拟产品在设计中的协同作用，不断挖掘产生新颖、独特、具有价值的产品概念，并将其转化为详细的产品设计方案，不断降低产品实际行为与设计期望行为间的不一致性。基于数字孪生的产品设计更强调通过全生命周期的虚实融合，以及超高拟实度的虚拟仿真模型建立等方法，全面提高设计质量和效率。其框架分为概念设计、方案设计、虚拟仿真和虚拟验证四个阶段，如图 4.53 所示。

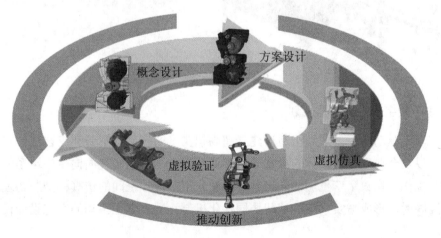

图 4.53　基于数字孪生的产品设计参考流程

2. 基于数字孪生的车间快速设计

传统车间复杂制造系统的设计思路基本为串行设计，在部分假设的基础上进行数学建模，不能充分反映实际问题，缺乏对系统进行全局考虑，存在对设计人员经验依赖性强等问题。数字孪生驱动的车间快速设计采用数字孪生"信息物理融合"的思想，依次完成"实物设备数字化、运动过程脚本化、系统整线集成化、控制指令下行同步化、现场信息上行并行化"，形成整线的执行引擎。实物设备与所对应的虚拟模型进行虚实互动、指令与信息同步，形成一个支持实物设备连线的车间快速设计、规划、装配与测试的平台，如图4.54所示。

图4.54　基于数字孪生的车间设计示例

3. 基于数字孪生的工艺规划

数字孪生驱动的工艺规划指通过建立超高拟实度的产品、资源和工艺流程等虚拟仿真模型，以及全要素、全流程的虚实映射和交互融合，真正实现面向生产现场的工艺设计与持续优化。在数字孪生驱动的工艺设计模式下，虚拟空间的仿真模型与物理空间的实体相互映射，形成虚实共生的迭代协同优化机制。数字孪生驱动的工艺设计模式如图4.55所示。

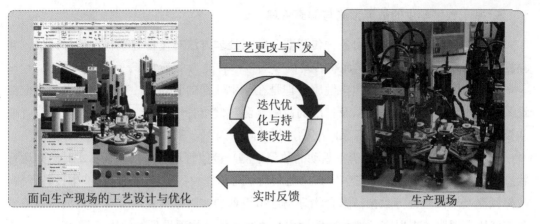

图 4.55　数字孪生驱动的工艺设计模式

4. 基于数字孪生的车间生产调度优化

生产调度是生产车间决策优化、过程管控、性能提升的神经中枢，是生产车间有序平稳、均衡经济和敏捷高效的运营支柱。数字孪生驱动的调度模式是在数字孪生系统的支撑下，通过全要素、全数据、全模型、全空间的虚实映射和交互融合，形成虚实响应、虚实交互、以虚控实、迭代优化的新型调度机制，实现"工件—机器—约束—目标"调度要素的协同匹配与持续优化。在数字孪生驱动的调度模式下，调度要素在物理车间和虚拟车间之间相互映射，形成虚实共生的协同优化网络。物理车间主动感知生产状态，虚拟车间通过自组织、自学习、自仿真方式进行调度状态解析、调度方案调整、调度决策评估，快速确定异常范围，敏捷响应，智能决策，具有更好的变化适应能力、扰动响应能力和异常解决能力。其模式如图 4.56 所示。

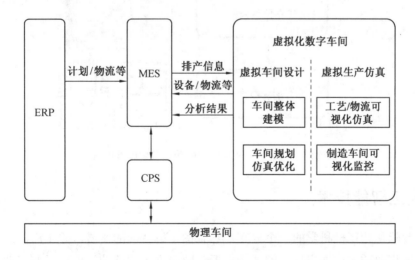

图 4.56　基于数字孪生的车间生产调度优化模型

5. 基于数字孪生的故障预测与健康管理

故障预测与健康管理利用各种传感器和数据处理方法对设备健康状况进行评估，并预测设备故障及剩余寿命，从而将传统的事后维修转变为事前维修。

数字孪生驱动的故障预测与健康管理是在孪生数据的驱动下，基于物理设备与虚拟设备的同步映射与实时交互以及精准的故障预测与健康管理服务，形成的设备健康管理新模式，实现快速捕捉故障现象，准确定位故障原因，合理设计并验证维修策略。

如图 4.57 所示，在数字孪生驱动的故障预测与健康管理中，物理设备实时感知运行状态与环境数据；虚拟设备在孪生数据的驱动下与物理设备同步运行，并产生设备评估、故障预测及维修验证等数据；融合物理与虚拟设备的实时数据及现有孪生数据，故障预测与健康管理服务根据需求被精准地调用与执行，保证物理设备的健康运行。

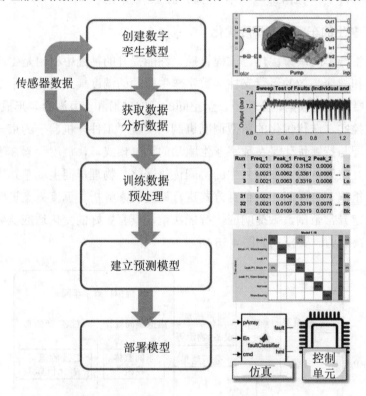

图 4.57 数字孪生驱动的故障预测与健康管理流程

4.9 人工智能技术

人工智能是计算机科学的一个分支，它企图了解智能的实质，并生产出一种新的能以人类智能相似的方式做出反应的智能机器。随着人工智能的发展以及制造业的转型升级，人工智能在自动化与简化整个制造生态系统方面逐渐发挥出其作用，体现出巨大的潜力。

4.9.1 人工智能技术概述

1. 概念

人工智能（Artificial Intelligence，AI）是人类设计和操作相应的程序，从而使计算机可以对人类的思维过程与智能行为进行模拟的一门技术。它是在计算机科学、控制论、信息学、神经心理学、哲学、语言学等多种学科基础上发展起来的一门综合性的边缘学科。

1956 年，明斯基等科学家在美国达特茅斯学院开会研讨"如何用机器模拟人的智能"，首次提出"人工智能"这一概念，标志着人工智能学科的诞生。人工智能发展历程见表 4.2。

表 4.2 人工智能发展历程

阶段	时间	特　　点
起步发展期	1956 年～20 世纪 60 年代初	达特茅斯会议标志着 AI 的诞生
反思发展期	20 世纪 60 年代～70 年代初	人们开始尝试更具挑战性的任务，但接二连三的失败使人工智能的发展走入低谷
应用发展期	20 世纪 70 年代初～80 年代中	专家系统的出现推动了人工智能从理论研究走向实际应用
低迷发展期	20 世纪 80 年代中～90 年代中	随着人工智能的应用规模不断扩大，专家系统存在的问题逐渐暴露出来
稳步发展期	20 世纪 90 年代中～2010 年	互联网技术的发展促使人工智能技术进一步走向实用化。代表事件：深蓝超级计算机战胜了国际象棋世界冠军（图 4.58）
蓬勃发展期	2011 年至今	以深度神经网络为代表的人工智能技术飞速发展

图 4.58　深蓝超级计算机

2. 特点

人工智能的革命就是从弱人工智能发展为强人工智能，最终达到超人工智能的过程。弱人工智能是指应用于特定领域的人工智能技术，如图像识别、语音识别；强人工智能是指多领域综合的人工智能，可以进行认知学习与决策执行，如自动驾驶；超人工智能是指超越人类的智能，具有独立意识，能够创新创造。

4.9.2 人工智能技术方向

人工智能的主要技术方向包括机器学习、知识图谱、自然语言处理、人机交互、计算机视觉等，如图4.59所示。

图4.59 人工智能的主要技术方向

1. 机器学习

机器学习（Machine Learning，ML）是一门涉及诸多领域的交叉学科。机器学习专门研究计算机怎样模拟或实现人类的学习行为，以获取新的知识或技能，重新组织已有的知识结构使之能不断改善自身的性能。

在计算机系统中，"经验"通常以"数据"形式存在，因此，机器学习所研究的主要内容，是关于在计算机上从经验数据中产生"模型"的算法。有了模型，在面对新的情况时，模型会给我们提供相应的判断。

如果说计算机科学是研究关于"算法"的学问，那么类似的，可以说机器学习是研究关于"学习算法"的学问。机器学习和人类思考的过程对比如图4.60所示。

图4.60 机器学习与人类思考

2. 知识图谱

知识图谱（Knowledge Graph）是一种结构化的语义知识库，用于以符号的形式描述物理世界中的概念及其相互关系。

知识图谱的组成包括实体和关系两个部分。

（1）实体。

在知识图谱里，我们通常用"实体（Entity）"来表达图里的节点。实体指的是现实世界中的事物，如人、地名、概念、药物、公司等。图4.61展示了知识图谱的一个例子。

（2）关系。

在知识图谱中，用"关系（Relation）"来表达图里的"边"。关系用来表达不同实体之间的某种联系，例如在图4.61中，焊接机器人"之一"是激光焊接机器人。

通俗地讲，知识图谱就是把所有不同种类的信息连接在一起而得到的一个关系网络，提供了从"关系"的角度去分析问题的能力。

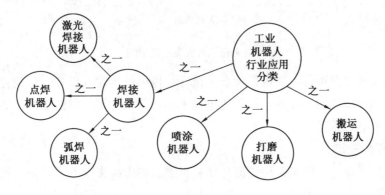

图4.61 知识图谱示例

3. 自然语言处理

自然语言处理（Natural Language Processing，NLP）是计算机科学领域与人工智能领域中的一个重要研究方向，是计算机理解和从人类语言中获取意义的一种方式。

语言是沟通交流的基础。人类的逻辑思维以语言为形式，人类的绝大部分知识也是以语言文字的形式记载和流传下来的。

用自然语言与计算机进行通信，这是人们长期以来所追求的。因为它具有明显的实际意义：人们可以用自己最习惯的语言来使用计算机，而无需再花大量的时间和精力去学习不很自然和习惯的各种计算机语言。

自然语言处理领域分为以下三个部分：

➢ **语音识别**：将口语翻译成文本。
➢ **自然语言理解**：通过计算机理解自然语言文本的意义。
➢ **自然语言生成**：计算机能以自然语言文本来表达给定的意图、思想等。

4. 人机交互

人机交互是研究人、机器以及它们之间相互影响的技术。而人机界面是人与机器之间传递、交换信息的媒介和对话接口，是人机交互系统的重要组成部分。

如图 4.62 所示，人机交互模型描述了人与机器相互传递信息与控制信号的方式。

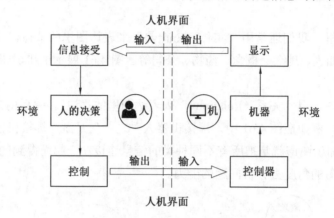

图 4.62　人机交互模型图

传统的人机交互设备主要包括键盘、鼠标、操纵杆等输入设备，以及打印机、绘图仪、显示器、音箱等输出设备。随着传感技术和计算机图形技术的发展，各类新的人机交互技术也在不断涌现。

（1）多通道交互。

多通道交互是一种使用多种通道与计算机通信的人机交互方式，如言语、眼神、脸部表情、唇动、手动、手势、头动、肢体姿势、触觉、嗅觉或味觉等。

（2）虚拟现实和三维交互。

为了达到三维效果和立体的沉浸感，人们先后发明了立体眼镜、头盔式显示器、双目全方位监视器、墙式显示屏的自动声像虚拟环境 CAVE（图 4.63）等。

图 4.63　虚拟环境 CAVE

5. 计算机视觉

计算机视觉是使用计算机模仿人类视觉系统的科学，让计算机拥有类似人类提取、处理、理解和分析图像以及图像序列的能力。自动驾驶、机器人、智能医疗等领域均需要通过计算机视觉技术从视觉信号中提取并处理信息。

计算机视觉识别检测过程包括图像预处理、图像分割、特征提取和判断匹配。计算机视觉可以用来处理图像分类问题（如识别图片的内容是不是猫）、定位问题（如识别图片中的猫在哪里）、检测问题（如识别图片中有哪些动物、分别在哪里）、分割问题（如图片中的哪些像素区域是猫）等，如图 4.64 所示。

图 4.64　计算机视觉任务示例

小　结

工业互联网不是指一类技术，它是新一代信息技术与工业系统深度融合而形成的产业和应用生态。本章介绍了工业互联网的九大关键技术：自动识别技术、传感器技术、无线传感网络技术、物联网技术、工业网络通信技术、云计算技术、大数据技术、数字孪生技术和人工智能技术。针对每一项技术，介绍了概念与内涵、核心技术和实际应用场景。通过本章的学习，读者能够了解工业互联网关键技术的相关知识，为将来的工作与实践打下基础。

思考题

1. 自动识别技术分为哪两大类？
2. 请简述无线射频识别 RFID 系统的工作原理。
3. 请简述传感器的定义。
4. 传感器由哪些部分组成？
5. 无线传感网络具有哪些特点？
6. 无线传感网络由哪几个部分组成？
7. 物联网具有哪些特点？

8. 物联网体系架构包含哪几个层次，它们的功能分别是什么？
9. 请简要介绍现场总线技术。
10. 请列举五种以上工业无线通信技术。
11. 请简述云计算的定义。
12. 云计算有哪几种服务模式？
13. 大数据具有哪些特点？
14. 工业大数据主要来自于哪三个方面？
15. 数字孪生的核心是什么？
16. 数字孪生可分为哪几类？请简要介绍。
17. 弱人工智能的含义是什么？
18. 请列举人工智能的主要技术方向。

第二部分　工业机器人

第 5 章　工业机器人概述

机器人是典型的机电一体化装置，涉及机械、电气、控制、检测、通信和计算机等方面的知识。以工业互联网、新材料和新能源为基础，"数字化智能制造"为核心的新一轮工业革命即将到来，而工业机器人则是"数字化智能制造"的重要载体。

5.1　机器人的认知

多数人对于"机器人"的初步认知来源于科幻电影，如图 5.1 所示。

❋ 机器人的认知

（a）大黄蜂　　　　　　（b）终结者 T-800　　　　（c）钢铁侠

图 5.1　科幻电影中的机器人

但在科学界中，"机器人"是广义概念，实际上大多数机器人都不具有基本的人类形态。

5.1.1 机器人术语的来历

"机器人（Robot）"这一术语来源于一个科幻形象，首次出现在 1920 年捷克剧作家、科幻文学家、童话寓言家卡雷尔·凯培克发表的科幻剧《罗萨姆的万能机器人》中，"Robot"就是从捷克文"Robota"衍生而来的。

5.1.2 机器人三原则

人类制造机器人主要是为了让它们代替人们做一些有危险、难以胜任或不宜长期进行的工作。

为了发展机器人，避免人类受到伤害，美国科幻作家阿西莫夫在 1940 年发表的小说《我是机器人》中首次提出了"机器人三原则"：

（1）第一原则。机器人必须不能伤害人类，也不允许见到人类将要受伤害而袖手旁观。

（2）第二原则。机器人必须完全服从于人类的命令，但不能违反第一原则。

（3）第三原则。机器人应保护自身的安全，但不能违反第一和第二原则。

在后来的小说中，阿西莫夫补充了第零原则。

（4）第零原则。机器人不得伤害人类的整体利益，或通过不采取行动，让人类利益受到伤害。

这四条原则被广泛用于定义现实和科幻中的机器人准则。

5.1.3 机器人的分类和应用

根据机器人的应用环境，国际机器人联盟（IFR）将机器人分为工业机器人和服务机器人。其中，工业机器人是在工业生产中使用的机器人的总称，主要用于完成工业生产中的某些作业。服务机器人则是除工业机器人之外的、用于非制造业并服务于人类的各种先进机器人，主要包括公共服务机器人、个人/家用服务机器人和特种机器人。机器人分类如图 5.2 所示。

1. 工业机器人

工业机器人是在工业生产中使用的机器人的总称，主要用于完成工业生产中的某些作业。

工业机器人的种类较多，常用的有：搬运机器人、焊接机器人、喷涂机器人、打磨机器人等。

2. 服务机器人

服务机器人则是除工业机器人之外的、用于非制造业并服务于人类的各种机器人总称。服务机器人可进一步分为 3 类：公共服务机器人、个人/家用服务机器人、特种机器人。

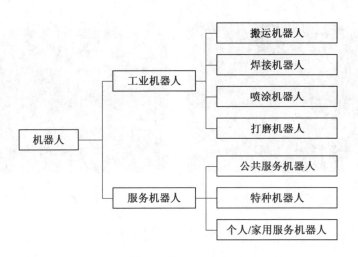

图 5.2　机器人分类

（1）公共服务机器人。公共服务机器人是指面向公众或商业任务的服务机器人，包括迎宾机器人、餐厅服务机器人、酒店服务机器人、银行服务机器人、场馆服务机器人等。迎宾机器人如图 5.3（a）所示。

（2）个人/家用服务机器人。个人/家用服务机器人是指在家庭以及类似环境中由非专业人士使用的服务机器人，包括家政、教育娱乐、养老助残、家务、个人运输、安防监控等类型的机器人。家务扫地机器人如图 5.3（b）所示。

（a）迎宾机器人——Will

（b）家务扫地机器人——M1

图 5.3　个人/家用服务机器人示例

（3）特种机器人。特种机器人是指由具有专业知识人士操纵的、面向国家、特种任务的服务机器人，包括国防/军事机器人、航空航天机器人、搜救救援机器人、医用机器人、水下作业机器人、空间探测机器人、农场作业机器人、排爆机器人、管道检测机器人、消防机器人等，如图 5.4 所示。

(a)"玉兔"号月球探测机器人　　　　　(b)潜龙二号水下机器人

图 5.4　特种机器人示例

5.2　工业机器人定义和特点

1. 定义

工业机器人虽是技术上最成熟、应用最广泛的机器人,但对其具体的定义,科学界尚未形成统一,目前公认的是国际标准化组织(ISO)的定义。

国际标准化组织(ISO)的定义为:"工业机器人是一种能自动控制、可重复编程、多功能、多自由度的操作机,能够搬运材料、工件或者操持工具来完成各种作业。"

而我国国家标准将工业机器人定义为:"自动控制的、可重复编程、多用途的操作机,并可对三个或三个以上的轴进行编程。它可以是固定式或移动式。在工业自动化中使用。"

2. 特点

工业机器人最显著的特点有:

➢ **拟人化**。在机械结构上类似于人的手臂或者其他组织结构。
➢ **通用性**。可执行不同的作业任务,动作程序可按需求改变。
➢ **独立性**。完整的机器人系统在工作中可以不依赖于人的干预。
➢ **智能性**。具有不同程度的智能功能,如感知系统等提高了工业机器人对周围环境的自适应能力。

5.3　工业机器人分类

工业机器人分类方法有很多,常见的有:按结构运动形式分类、按运动控制方式分类、按程序输入方式分类和按发展程度分类。

❋　工业机器人分类

1. 按结构运动形式分类

(1)直角坐标机器人。直角坐标机器人在空间上具有多个相互垂直的移动轴,常用的是 3 个轴，即 x、y、z 轴，如图 5.5 所示，其末端的空间位置是通过沿 x、y、z 轴来回移动形成的，是一个长方体。

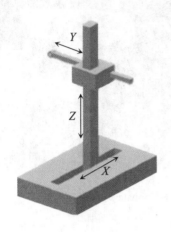
（a）示意图

（b）哈工海渡-直角坐标机器人

图 5.5　直角坐标机器人

（2）柱面坐标机器人。柱面坐标机器人的运动空间位置是由基座回转、水平移动和竖直移动形成的，其作业空间呈圆柱体，如图 5.6 所示。

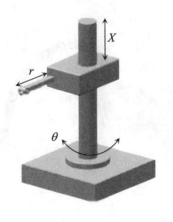
（a）示意图

（b）Versatran-柱面坐标机器人

图 5.6　柱面坐标机器人

（3）球面坐标机器人。球面坐标机器人的空间位置机构主要由回转基座、摆动轴和平移轴构成，具有 2 个转动自由度和 1 个移动自由度，其作业空间是球面的一部分，如图 5.7 所示。

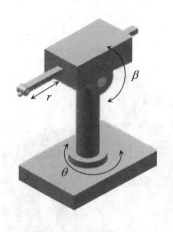

（a）示意图　　　　　　　　　（b）Unimate-球面坐标机器人

图 5.7　球面坐标机器人

（4）多关节型机器人。多关节型机器人由多个回转和摆动（或移动）机构组成，按旋转方向可分为水平多关节机器人和垂直多关节机器人。

①水平多关节机器人。是由多个竖直回转机构构成的，没有摆动或平移，手臂都在水平面内转动，其作业空间为圆柱体，如图 5.8 所示。

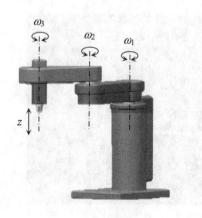
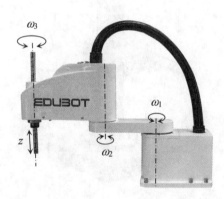

（a）示意图　　　　　　　　　（b）哈工海渡-水平多关节机器人

图 5.8　水平多关节机器人

②垂直多关节机器人。是由多个摆动和回转机构组成的，其作业空间近似一个球体，如图 5.9 所示。

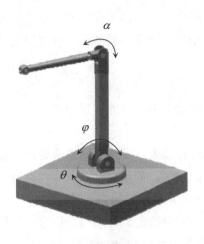 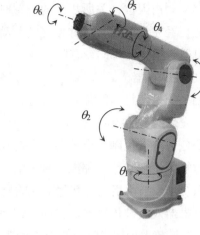

（a）示意图　　　　　　　　　（b）HRG-HR3 机器人

图 5.9　垂直多关节机器人

（5）并联机器人。并联机器人是基座和末端执行器之间通过至少两个独立的运动链相连接，机构具有两个或两个以上自由度，且以并联方式驱动的一种闭环机构。工业应用最广泛的并联机器人是 DELTA 并联机器人，如图 5.10 所示。

相对于并联机器人而言，只有一条运动链的机器人称为串联机器人。

 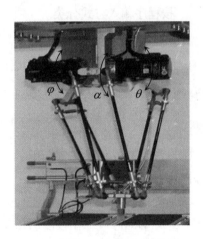

（a）示意图　　　　　　　　　（b）哈工海渡-DELTA 并联机器人

图 5.10　DELTA 并联机器人

2. 按运动控制方式分类

（1）非伺服机器人。

非伺服机器人按照预先编好的程序顺序进行工作，使用限位开关、制动器、插销板和定序器等来控制机器人的运动。

当它们移动到由限位开关所规定的位置时,限位开关切换工作状态,给定序器送去一个工作任务已经完成的信号,并使终端制动器动作,切断驱动能源,使机器人停止运动。非伺服机器人工作能力比较有限。

(2)伺服控制机器人。

伺服控制系统是使物体的位置、方位、状态等输出被控量能够跟随输入目标(或给定值)的任意变化的自动控制系统。

它的主要任务是按控制命令的要求,对功率进行放大、变换与调控等处理,使驱动装置输出的力矩、速度和位置都能得到灵活方便的控制。伺服控制系统是具有反馈的闭环自动控制系统,其结构组成与其他形式的反馈控制系统没有原则上的区别。

伺服控制机器人通过传感器取得的反馈信号与来自给定装置的综合信号比较后,得到误差信号,经过放大后用以激发机器人的驱动装置,进而带动机械臂以一定规律运动。

伺服控制机器人按照控制的空间位置不同,又分为点位型机器人和连续轨迹型机器人。

①点位型机器人。只控制执行机构由一点到另一点的准确定位,不对点与点之间的运动过程作控制,适用于机床上下料、点焊和一般搬运、装卸等作业。

②连续轨迹型机器人。可控制执行机构按给定轨迹运动,适用于连续焊接和涂装等作业。

3. 按程序输入方式分类

(1)编程输入型机器人。

编程输入型机器人可将计算机上已编好的作业程序文件,通过串口或者以太网等通信方式传送到机器人控制器。

(2)示教输入型机器人。

示教方法一般有两种:在线示教和拖动示教。

①在线示教。由操作者利用示教器将指令信号传给驱动系统,使执行机构按要求的动作顺序和运动轨迹操演一遍。

②拖动示教。由操作者直接拖动执行机构,按要求的动作顺序和运动轨迹操演一遍。在示教过程的同时,工作程序的信息将自动存入程序存储器中,在机器人自动工作时,控制系统从程序存储器中检出相应信息,将指令信号传给驱动机构,使执行机构再现示教的各种动作。示教输入程序的工业机器人称为示教再现工业机器人。

4. 按发展程度分类

(1)第一代机器人。

第一代机器人主要指只能以示教再现方式工作的工业机器人,称为示教再现机器人。示教内容为机器人操作结构的空间轨迹、作业条件、作业顺序等。目前在工业现场应用的机器人大多属于第一代。

（2）第二代机器人。

第二代机器人是感知机器人，带有一些可感知环境的装置，通过反馈控制，使机器人能在一定程度上适应变化的环境。

（3）第三代机器人。

第三代机器人是智能机器人，它具有多种感知功能，可进行复杂的逻辑推理、判断及决策，可在作业环境中独立行动；它具有发现问题且能自主地解决问题的能力。

智能机器人至少要具备以下 3 个要素：

（1）感觉要素。

感觉要素包括能够感知视觉和距离等非接触型传感器和能感知力、压觉、触觉等接触型传感器，用来认知周围的环境状态。

（2）运动要素。

机器人需要对外界做出反应性动作。智能机器人通常需要有一些无轨道的移动机构，以适应平地、台阶、墙壁、楼梯和坡道等不同的地理环境，并且在运动过程中要对移动机构进行实时控制。

（3）思考要素。

根据感觉要素所得到的信息，思考采用什么样的动作，包括判断、逻辑分析、理解和决策等。思考要素是智能机器人的关键要素，也是人们要赋予智能机器人的必备要素。

5.4 工业机器人发展概况

5.4.1 国外发展概况

1. 美国

※ 工业机器人发展概况

1954 年美国乔治·德沃尔制造出世界上第一台可编程的机器人，最早提出工业机器人的概念，并申请了专利。

1959 年，德沃尔与美国发明家约瑟夫·英格伯格联手制造出第一台工业机器人——Unimate，如图 5.11 所示。随后，成立了世界上第一家机器人制造工厂——Unimation 公司。

1962 年，美国 AMF 公司生产出 Versatran 工业机器人。

1965 年，约翰·霍普金斯大学应用物理实验室研制出 Beast 机器人。Beast 已经能通过声呐系统、光电管等装置，根据环境校正自己的位置。

1978 年，美国 Unimation 公司推出通用工业机器人 PUMA，如图 5.12 所示，这标志着工业机器人技术已经完全成熟。

图 5.11　Unimate 机器人

图 5.12　PUMA-560 机器人

2. 日本

1967 年日本川崎重工业公司首先从美国引进机器人及技术,建立生产厂房,并于 1968 年试制出第一台日本产 Unimate 机器人。经过短暂的摇篮阶段,日本的工业机器人很快进入实用阶段,并由汽车业逐步扩大到其他制造业以及非制造业。

1980 年被称为日本的"机器人普及元年",日本开始在各个领域推广使用机器人,这大大缓解了市场劳动力严重短缺的社会矛盾。再加上日本政府采取的多方面鼓励政策,这些机器人受到了广大企业的欢迎。

1980 年～1990 年日本的工业机器人处于鼎盛时期,后来国际市场曾一度转向欧洲和北美,但日本经过短暂的低迷期又恢复其昔日的辉煌。

3. 欧洲

瑞士的 ABB 公司是世界上最大的机器人制造公司之一。1974 年研发了世界上第一台全电控式工业机器人 IRB6,主要应用于工件的取放和物料搬运。1975 年生产出第一台焊接机器人。到 1980 年兼并 Trallfa 喷漆机器人公司后,其机器人产品趋于完备。

德国的 KUKA 公司是世界上几家顶级工业机器人制造商之一。1973 年 KUKA 公司研制开发了第一台工业机器人——Famulus,所生产的机器人广泛应用在仪器、汽车、航天、食品、制药、医学、铸造、塑料等工业,主要用于材料处理、机床装备、包装、堆垛、焊接、表面修整等。

4. 国际"四大家族"与"四小家族"

国际上较有影响力的、著名的工业机器人公司主要分为欧系和日系两种,具体来说,可分成"四大家族"和"四小家族"两个阵营,见表 5.1。

表 5.1 工业机器人阵营

阵营	企业	国家	标识	阵营	企业	国家	标识
四大家族	ABB	瑞士	ABB	其他	三菱	日本	MITSUBISHI ELECTRIC
	库卡	德国	KUKA		爱普生	日本	EPSON
	安川	日本	YASKAWA		雅马哈	日本	YAMAHA
	发那科	日本	FANUC		现代	韩国	HYUNDAI
四小家族	松下	日本	Panasonic		优傲	丹麦	UNIVERSAL ROBOTS
	欧地希	日本	OTC		柯马	意大利	COMAU
	那智不二越	日本	NACHi		史陶比尔	瑞士	Stäubli
	川崎	日本	Kawasaki		欧姆龙	日本	OMRON

5.4.2 国内发展概况

我国工业机器人起步于 20 世纪 70 年代初期，经过 40 多年的发展，大致经历了 3 个阶段：70 年代的萌芽期，80 年代的开发期和 90 年代及以后的实用化期。

1. 70 年代的萌芽期

20 世纪 70 年代世界上工业机器人应用掀起一个高潮，在这种背景下，我国于 1972 年开始研制自己的工业机器人。

2. 80 年代的开发期

进入 20 世纪 80 年代后，随着改革开放的不断深入，我国机器人技术的开发与研究得到了政府的重视与支持。"七五"期间，国家投入资金，对工业机器人及其零部件进行攻关。

1985 年，哈工大蔡鹤皋院士主持研制出了我国第一台弧焊机器人——"华宇Ⅰ型"（HY-Ⅰ型），如图 5.13 所示，解决了机器人轨迹控制精度及路径预测控制等关键技术。焊接的控制技术在国内外是创新的，微机控制的焊接电源同机器人联机和示教再现功能为国内首次应用；重复定位精度、动作范围、焊接参数数据控制精度、负载等主要技术指标接近或达到了国际同类产品水平。同年底，我国第一台重达 2 000 kg 的水下机器人"海人一号"在辽宁旅顺港下潜 60 m，首潜成功，开创了机器人研制的新纪元。

图 5.13　哈工大制造的国内第一台弧焊机器人——"华宇Ⅰ型"

1986 年国家高技术研究发展计划（863 计划）开始实施，取得了一大批科研成果，成功地研制出了一批特种机器人。

3. 90 年代及以后的实用化期

从 20 世纪 90 年代初期起，中国的经济掀起了新一轮的经济体制改革和技术进步热潮，我国的工业机器人又在实践中迈进一大步，先后研制出了点焊、弧焊、装配、喷漆、切割、搬运、包装码垛等各种用途的工业机器人，并实施了一批机器人应用工程，形成了一批机器人产业化基地，为我国机器人产业的腾飞奠定了基础。

1995 年 5 月，上海交通大学研制成功我国第一台高性能精密装配智能型机器人"精密一号"，它的诞生标志着我国已具有开发第二代工业机器人的技术水平。

4. 国内品牌

我国的工业机器人品牌，有新松、埃夫特、埃斯顿、广州数控、HRG、珞石、台达、汇川等，见表 5.2。

表 5.2　国内工业机器人厂商

品牌	标识	品牌	标识
新松	SIASUN	HRG	HRG
埃夫特	EFORT	台达	DELTA
埃斯顿	ESTUN	珞石	ROKAE
广州数控	广州数控 GSK	汇川	INOVANCE

5.4.3　发展现状分析

世界各国在发展工业机器人产业上各有不同，可归纳为三种不同的发展模式，即日本模式、欧洲模式和美国模式。

1. 日本模式

日本模式的特点是：各司其职，分层面完成交钥匙工程。即机器人制造厂商以开发新型机器人和批量生产优质产品为主要目标，并由其子公司或社会上的工程公司来设计制造各行业所需要的机器人成套系统，并完成交钥匙工程。

2. 欧洲模式

欧洲模式的特点是：一揽子交钥匙工程。即机器人的生产和用户所需要的系统设计制造，全部由机器人制造厂商自己完成。

3. 美国模式

美国模式的特点是：采购与成套设计相结合。美国国内基本上不生产普通的工业机器人，企业需要机器人通常由工程公司进口，再自行设计、制造配套的外围设备，完成交钥匙工程。

4. 中国模式的走向

中国的机器人产业应走什么道路，如何建立自己的发展模式确实值得探讨。专家们建议我国应从"美国模式"着手，在条件成熟后逐步向"日本模式"靠近。

5.5 主要技术参数

机器人的技术参数反映了机器人的适用范围和工作性能，主要包括：自由度、额定负载、工作空间、最大工作速度、分辨率、工作精度，其他参数还有控制方式、驱动方式、安装方式、动力源容量、本体重量、环境参数等。

※ 主要技术参数

1. 自由度

机器人的自由度是指工业机器人相对坐标系能够进行独立运动的数目，不包括末端执行器的动作，如焊接、喷涂等，如图 5.14 所示。

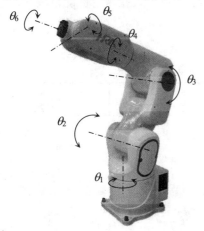
（a）HRG-HR3 机器人

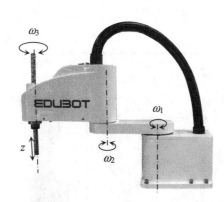
（b）哈工海渡-SCARA 机器人

图 5.14 机器人的自由度

机器人的自由度反映机器人动作的灵活性，自由度越多，机器人就越能接近人手的动作机能，通用性越好；但是自由度越多，结构就越复杂，对机器人的整体要求就越高。因此，工业机器人的自由度是根据其用途设计的。

采用空间开链连杆机构的机器人，因每个关节运动副仅有一个自由度，所以机器人的自由度数就等于它的关节数。

由于具有 6 个旋转关节的铰链开链式机器人从运动学上已被证明能以最小的结构尺寸获取最大的工作空间，并且能以较高的位置精度和最优的路径到达指定位置，因而关节机器人在工业领域得到广泛的应用。

目前，焊接和涂装机器人多为 6 个自由度，搬运、码垛和装配机器人多为 4~6 个自由度。而 7 个以上的自由度是冗余自由度，可满足复杂工作环境和多变的工作需求。从运动学角度上看，完成某一特定作业时具有多余自由度的机器人称为冗余度机器人，如 KUKA 的 LBR iiwa，如图 5.15 所示。

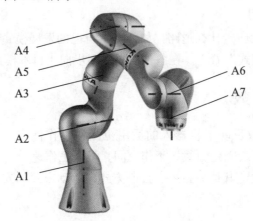

图 5.15　7 自由度的 KUKA-LBR iiwa

2. 额定负载

额定负载也称有效负荷，是指正常作业条件下，工业机器人在规定性能范围内，手腕末端所能承受的最大载荷。

目前使用的工业机器人负载范围较大为 0.5~2 300 kg，见表 5.3。

表 5.3　工业机器人的额定负载

型号	FANUC M-1iA/0.5S	FANUC LR Mate 200iD/4S	FANUC M-200iA/2300	ABB IRB120
实物图				
额定负载	0.5 kg	4 kg	2 300 kg	3 kg

续表 5.3

型号	EPSON LS6-602S	YASKAMA MH12	YASKAWA MC2000II	KUKA KR16
实物图				
额定负载	2 kg	12 kg	50 kg	16 kg

额定负载通常用载荷图表示，如图 5.16 所示。

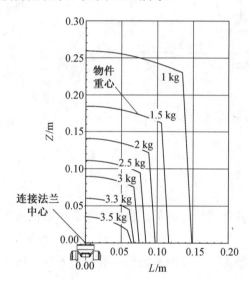

图 5.16　ABB IRB120 机器人的载荷图

在图 5.16 中，纵轴 Z 表示负载重心到连接法兰端面的距离，横轴 L 表示负载重心在连接法兰所处平面上的投影与连接法兰中心的距离。图示中物件重心落在 1.5 kg 载荷线上，表示此时物件重量不能超过 1.5 kg。

3. 工作空间

工作空间又称工作范围、工作行程，是指工业机器人作业时，手腕参考中心（即手腕旋转中心）所能到达的空间区域，不包括手部本身所能达到的区域，常用图形表示，如图 5.17 所示，P 点为手腕参考中心，HRG-HR3 机器人的工作空间为 597.5 mm。

工作空间的形状和大小反映了机器人工作能力的大小，它不仅与机器人各连杆的尺寸有关，还与机器人的总体结构有关。工业机器人在作业时可能会因存在手部不能到达的作业死区而不能完成规定任务。

由于末端执行器的形状和尺寸是多种多样的,为真实反映机器人的特征参数,生产商给出的工作范围一般是指不安装末端执行器时可以达到的区域。

需要特别注意的是:在装上末端执行器后,需要同时保证姿态,实际的可达空间与生产商给出的有所区别,因此需要通过比例作图或模型核算,来判断是否满足实际需求。

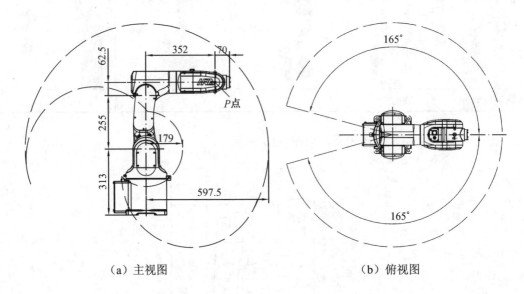

（a）主视图　　　　　　　　　　　　（b）俯视图

图 5.17　HRG-HR3 机器人的工作空间

4.最大工作速度

最大工作速度是指在各轴联动情况下,机器人手腕中心或者工具中心点所能达到的最大线速度。

不同生产商对工业机器人工作速度规定的内容有所不同,通常会在技术参数表格中加以说明,见表 5.4。

表 5.4　ABB-IRB120 性能参数

性　　能		
1 kg 拾料节拍		
25 mm×300 mm×25 mm	0.58 s	25 mm×300 mm×25 mm 的含义: ①S_1=S_3=25 mm,S_2=300 mm ②机器人末端持有 1 kg 物料时,沿 $A→B→C→B→A$ 轨迹往返搬运一次的时间为 0.58 s ③此往返过程中 TCP 最大速度为 6.2 m/s
TCP 最大速度	6.2 m/s	
TCP 最大加速度	28 m/s²	
加速时间（0~1 m/s）	0.07 s	

显而易见,最大工作速度越高,工作效率就越高;然而,工作速度越高,对工业机器人最大加速度的要求也越高。

5. 分辨率

分辨率是指工业机器人每根轴能够实现的最小移动距离或最小转动角度。机器人的分辨率由系统设计检测参数决定,并受到位置反馈检测单元性能的影响。系统分辨率可分为编程分辨率和控制分辨率两部分。

编程分辨率是指程序中可以设定的最小距离单位;控制分辨率是位置反馈回路能够检测到的最小位移量。显然,当编程分辨率与控制分辨率相等时,系统性能达到最高。

6. 工作精度

工业机器人的工作精度包括定位精度和重复定位精度。

(1)定位精度。又称绝对精度,是指机器人的末端执行器实际到达位置与目标位置之间的差距。

(2)重复定位精度。简称重复精度,是指在相同的运动位置命令下,机器人重复定位其末端执行器于同一目标位置的能力,以实际位置值的分散程度来表示。

实际上机器人重复执行某位置给定指令时,它每次走过的距离并不相同,都是在一平均值附近变化,该平均值代表精度,变化的幅值代表重复精度,如图 5.18 和图 5.19 所示。机器人具有绝对精度低、重复精度高的特点。

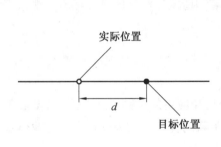

图 5.18　定位精度图

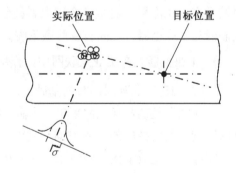

图 5.19　重复定位精度

一般而言,工业机器人的绝对精度要比重复精度低一到两个数量级,其主要原因是:由于机器人本身的制造误差、工件加工误差以及机器人与工件的定位误差等因素的存在,使机器人的运动学模型与实际机器人的物理模型存在一定的误差,从而导致机器人控制系统根据机器人运动学模型来确定机器人末端执行器的位置时也会产生误差。

由于工业机器人具有转动关节,不同回转半径时其直线分辨率是变化的,因此机器人的精度难以确定,通常工业机器人只给出重复定位精度,见表 5.5。

表5.5　常见工业机器人的重复定位精度

型号	ABB IRB120	FANUC LR Mate 200iD/4S	YASKAMA MPP3H	KUKA KR16
实物图				
重复定位精度	±0.01 mm	±0.02 mm	±0.1 mm	±0.05 mm

5.6　工业机器人与工业互联网

工业互联网是推动高质量发展的国家战略性新兴基础设施，具有大范围、多场景、低时延、高可靠的典型特征，需要集中投入和着眼长期回报。工业互联网的建设目标，是要围绕陆、海、空形成全维度覆盖，面向虚拟世界与物理世界打通全领域联接，针对人类生产生活提供全方位支撑。

机器人既是先进制造业的关键支撑装备，也是改善人类生活方式的重要切入点，其研发及产业化应用是衡量一个国家科技创新、高端制造发展水平的重要标志。那么工业互联网与工业机器人之间有哪些联系呢？

1. 工业机器人在工业互联网中的作用

（1）构建工业互联网数据基础。

工业数据是工业互联网采集、传输、存储、分析和应用的关键资源要素，并随着工业互联网创新发展战略的深入贯彻实施而不断被赋予新的使命，成为助推现代工业体系升级和支撑制造业数字化、网络化、智能化转型的基础动力。

部署在生产制造现场的机器人能够通过大范围、深层次的工业数据采集，以及异构数据的协议转换与边缘处理，构建工业互联网的数据基础。其主要分为三种方式：

①通过各类通信手段接入其他不同设备、系统和产品，采集海量数据。

②依托协议转换技术实现多源异构数据的归一化和边缘集成。

③搭载边缘计算功能实现底层数据的汇聚处理，并实现数据向云端平台的集成。

（2）拓展工业互联网的效用。

①引导集聚大量智能化要素。机器人作为工业互联网体系的重要组成部分，承载着大量相关系统、工艺参数、软件工具、企业业务需求和制造能力，引导汇聚和链接着大

量工业资源,通过交互协同和迭代优化,为智能的产生提供必要基础,创造制造业智能化发展的前提条件。

②带动工业资源智能化配置。机器人能够发挥工业互联网平台的重要作用,成为工业全要素链接的枢纽,向上对接工业应用,向下连接海量设备,持续沉淀和积累海量具备应用推广价值的工业经验与知识模型,通过更为科学、高效的工业资源配置方式及路径,驱动制造业体系和生态的智能化升级与运转。

③有效突破制造业智能化升级瓶颈。机器人搭载的计算架构日益先进,并能够与高性能云计算基础设施相联通,从而实现对海量异构数据的集成、存储与计算,切实解决工业数据爆炸式增长与现有工业系统计算能力不相匹配的瓶颈问题,加快制造业以数据为驱动的网络化、智能化进程。

2. 工业互联网在工业机器人技术中的应用

(1)实现互联互通与数据共享。

通过基于工业互联网的大数据技术实现机器人相关数据分析与共享,减轻劳动强度,改善作业环境,从整体上提高生产率、降低成本。

(2)有效降低机器人损耗及维修成本。

通过远程实时数据监控管理和报警,及时同步生产管理状况,使机器人在工作期间有效地降低物耗,有效避免变形、划伤、碰伤,可以减少维修造成的停产成本。

(3)支撑机器人开展定制化生产。

通过工作模型的设计与优化,使机器人快速适应多品种、小批量的定制化生产,产品快速更新换代,适应日益激烈的市场竞争,有效节约投资,形成规模效益。

(4)促进机器人智能化发展。

工业互联网具有感知、信息传递、智能分析与决策等特征,通过网络化信息传递、智能分析决策,相当于把智能赋予了工业机器人,使机器人能够完成大部分需要人来完成的工作。

综上所述,工业机器人在工业互联网中发挥着重要作用,而工业互联网反过来又对工业机器人的发展起着巨大的促进作用。

小 结

工业机器人是技术上最成熟、应用最广泛的机器人,是一种能自动控制、可重复编程的多功能操作机。本章首先介绍了机器人的概念和分类,然后介绍了工业机器人的基础知识,包括定义、特点、分类、国内外发展概况、主要技术参数等,最后分析了工业机器人和工业互联网的相辅相成的关系。通过本章的学习,读者能够了解工业机器人的基础知识,为将来的工作与实践打下基础。

思考题

1. 机器人三原则是指哪三条原则?
2. 机器人分为哪几个类型?
3. 什么是工业机器人?
4. 工业机器人有哪些特点?
5. 按结构运动形式,工业机器人可分为几类?
6. 按程序输入方式,工业机器人可分为几类?
7. 什么是伺服控制系统?
8. 工业机器人国际"四大家族"和"四小家族"是指哪几家企业?
9. 请列举五个国产工业机器人品牌。
10. 工业机器人有哪些主要的技术参数?
11. 工业机器人的自由度是指什么?
12. 工业机器人的额定负载是指什么?
13. 工业机器人在工业互联网中起到哪些作用?
14. 工业互联网在工业机器人领域有哪些应用?

第 6 章 工业机器人行业应用

6.1 工业机器人行业应用概述

❋ 工业机器人行业应用概述

过去十多年,全球工业机器人景气度较高。汽车、电子电器、工程机械、食品、医疗等行业已经大量使用工业机器人以实现自动化生产线,而工业机器人自动化生产线成套设备已经成为自动化装备的主流及未来发展的方向。

工业机器人的应用包括搬运、焊接、喷涂和打磨等复杂作业。本章将对工业机器人的常见应用进行相应介绍。

1. 搬运

搬运作业是指用一种设备握持工件,从一个加工位置移动到另一个加工位置。搬运机器人可安装不同的末端执行器(如机械手爪、真空吸盘等)以完成各种不同形状的工件搬运,大大减轻了人类繁重的体力劳动。通过编程控制,搬运机器人还可以配合各个工序的不同设备实现流水线作业。

搬运机器人广泛应用于机床上下料、自动装配流水线、码垛搬运、集装箱等自动搬运作业,如图 6.1 所示。

(a)机器人搬运工业应用　　　　(b)机器人搬运实训站

图 6.1　搬运机器人

2. 焊接

目前工业应用领域最大的是机器人焊接，如工程机械、汽车制造、电力建设等，焊接机器人能在恶劣的环境下连续工作并提供稳定的焊接质量，可提高工作效率，减轻工人的劳动强度。采用机器人焊接是焊接自动化的革命性进步，如图6.2所示。

（a）机器人焊接工业应用　　　　　　（b）机器人焊接实训站

图 6.2　焊接机器人

3. 喷涂

喷涂机器人适用于生产量大、产品型号多、表面形状不规则的工件外表面涂装，广泛应用于汽车、汽车零配件、铁路、家电、建材和机械等行业，如图6.3所示。

 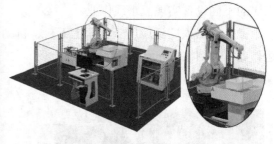

（a）机器人喷涂工业应用　　　　　　（b）机器人喷涂实训站

图 6.3　喷涂机器人

4. 打磨

打磨机器人是指可进行自动抛光打磨的工业机器人，主要用于工件的表面打磨、棱角去毛刺、焊缝打磨、内腔内孔去毛刺、孔口螺纹口加工等工作，如图6.4所示。打磨机器人广泛应用于3C、卫浴五金、IT、汽车零部件、工业零件、医疗器械、木材、建材、家具制造等民用产品行业。

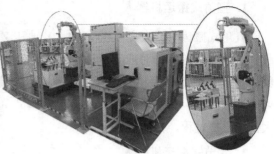

（a）机器人打磨工业应用　　　　　　　（b）机器人打磨实训站

图 6.4　打磨机器人

6.2　搬运机器人

搬运机器人是可以进行自动搬运作业的工业机器人，搬运时其末端执行器夹持工件，将工件从一个加工位置移动至另一个加工位置。

搬运机器人具有如下优点：

（1）动作稳定，搬运准确性较高。

（2）定位准确，保证批量一致性。

（3）能够在有毒、粉尘、辐射等危险环境下作业，改善工人劳动条件。

（4）生产柔性高、适应性强，可实现多形状、不规则物料搬运。

（5）能够部分代替人工操作，且可以进行长期重载作业，生产效率高。

基于以上优点，搬运机器人广泛应用于机床上下料、压力机自动化生产线、自动装配流水线、集装箱搬运等场合。

6.2.1　搬运机器人的分类

按照结构形式不同，搬运机器人可分为 3 大类：**直角式搬运机器人、关节式搬运机器人**和**并联式搬运机器人**，关节式搬运机器人又分为水平关节式搬运机器人和垂直关节式搬运机器人，如图 6.5 所示。

（a）直角式　　　（b）水平关节式　　　（c）垂直关节式　　　（d）并联式

图 6.5　搬运机器人分类

1. 直角式搬运机器人

直角式搬运机器人主要由 X 轴、Y 轴和 Z 轴组成。多数采用模块化结构，可根据负载位置、大小等选择对应直线运动单元以及组合结构形式。如果在移动轴上添加旋转轴就成为 4 轴或 5 轴搬运机器人。此类机器人具有较高的强度和稳定性，负载能力大，可以搬运大物料、重吨位物件，且编程操作简单，广泛应用于生产线转运、机床上下料等大批量生产过程，如图 6.6 所示。

2. 关节式搬运机器人

关节式搬运机器人是目前工业应用最广泛的机型，具有结构紧凑、占地空间小、相对工作空间大、自由度高等特点。

（1）水平关节式搬运机器人。一般为 4 个轴，是一种精密型搬运机器人，具有速度快、精度高、柔性好、重复定位精度高等特点，在垂直升降方向刚性好，尤其适用于平面搬运场合。水平关节式搬运机器人广泛应用于电子、机械和轻工业等产品的搬运，如图 6.7 所示。

图 6.6　直角式搬运机器人搬运乒乓球

图 6.7　水平关节式搬运机器人搬运电子产品

（2）垂直关节式搬运机器人。多为 6 个自由度，其动作接近人类，工作时能够绕过基座周围的一些障碍物，动作灵活。垂直关节式搬运机器人广泛应用于汽车、工程机械等行业，如图 6.8 所示。

（3）并联式搬运机器人。多指 DELTA 并联机器人，它具有 3~4 个轴，是一种轻型、高速搬运机器人，能安装于大部分斜面，独特的并联机构可实现快速、敏捷动作且非累积误差较低，具有小巧高效、安装方便和精度高等优点。并联式搬运机器人广泛应用于 IT、电子产品、医疗药品、食品等行业，如图 6.9 所示。

第 6 章 工业机器人行业应用

图 6.8 垂直关节式搬运机器人搬运箱体

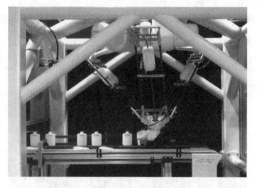

图 6.9 并联式搬运机器人搬运瓶状物

6.2.2 搬运机器人工作站的系统组成

搬运机器人系统主要由操作机、控制器、示教器、搬运作业系统和周边设备组成。图 6.10 所示为关节式搬运机器人的系统组成。

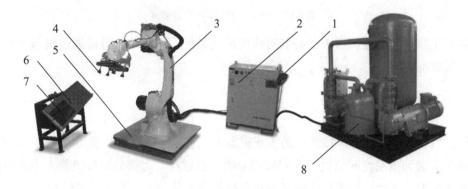

图 6.10 哈工海渡-搬运机器人的系统组成

1—示教器；2—控制器；3—操作机；4—末端执行器（吸盘）；5—机器人安装平台；
6—工件摆放装置；7—工件；8—真空负压站

1. 搬运作业系统

搬运作业系统主要由搬运型末端执行器和真空负压站组成。通常企业都会有一个大型真空负压站，为整个生产车间提供气源和真空负压。一般由单台或双台真空泵作为获得真空环境的主要设备，以真空罐为真空保持设备，连接电气控制部分组成真空负压站。双泵工作可加强系统的保障性。对于频繁使用真空源而所需抽气量不太大场合，该真空站系统比直接使用真空泵作真空源节约了能源，并有效延长真空泵的使用寿命，可提高企业的经济效益。

2. 周边设备

周边设备包括安全保护装置、机器人安装平台、输送装置、工件摆放装置等，用以辅助搬运机器人系统完成整个搬运作业。对于某些搬运场合，由于搬运空间较大，搬运机器人的末端执行器往往无法达到指定的搬运位置或姿态，此时需要通过外部轴的办法来增加机器人的自由度。搬运机器人增加自由度最常用的方法是利用移动平台装置，将其安装在地面或龙门支架上，扩大机器人的工作范围，如图6.11所示。

（a）哈工易科-地面移动平台　　　　　　（b）哈工易科-龙门支架移动平台

图6.11　哈工易科-移动平台装置

各大生产商的工业机器人都有其对应的应用领域，相关信息可以通过机器人技术手册或官网查询。

6.3　焊接机器人

焊接机器人是指从事焊接作业的工业机器人，它能够按作业要求（如轨迹、速度等）将焊接工具送到指定空间位置，并完成相应的焊接过程。大部分焊接机器人由通用的工业机器人配置上某种焊接工具而构成，只有少数是为某种焊接方式而专门设计的。

焊接机器人主要有以下优点：

（1）具有较高的稳定性，提高焊接质量，保证焊接产品的均一性。

（2）能够在有害、恶劣的环境下作业，改善工人劳动条件。

（3）降低对工人操作技术的要求，且可以进行连续作业，生产效率高。

（4）可实现小批量产品的焊接自动化生产。

（5）能够缩短产品更新换代的准备周期，减少相应的设备投资，提高企业效益。

（6）是一种柔性自动化生产方式，可以在一条焊接生产线上同时自动生产多种焊件。

焊接机器人是应用最广泛的一类工业机器人，在各国机器人应用比例中占总数的40%～60%，广泛应用于汽车、土木建筑、航天、船舶、机械加工、电子电气等相关领域。

6.3.1　焊接机器人的分类

目前，焊接机器人基本上都是关节型机器人，绝大多数有6个轴。按焊接工艺的不同，焊接机器人主要分为3类：**点焊机器人**、**弧焊机器人**和**激光焊接机器人**，如图6.12所示。

（a）点焊机器人　　　　　　（b）弧焊机器人　　　　　　（c）激光焊接机器人

图 6.12　焊接机器人分类

1. 点焊机器人

点焊机器人是指用于自动点焊作业的工业机器人，其末端执行器为焊钳。在机器人焊接应用领域中，最早出现的便是点焊机器人，其用于汽车装配生产线上的电阻点焊，如图 6.13 所示。

 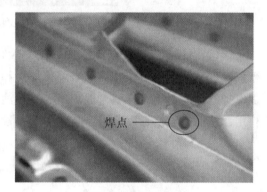

（a）点焊机器人作业　　　　　　　　（b）点焊实际效果图

图 6.13　弧焊机器人应用

点焊是电阻焊的一种。所谓电阻焊是指通过焊接设备的电极施加压力并在接通电源时，在工件接触点及邻近区域产生电阻热来加热工件，并在外力作用下完成工件的联结。因此点焊比较适用于薄板焊接领域，如汽车车身焊接、车门框架定位焊接等。点焊只需要点位控制，对于焊钳在点与点之间的运动轨迹没有严格要求，这使得点焊过程相对简单，对点焊机器人的精度和重复定位精度的控制要求比较低。

点焊机器人的负载能力要求高，而且在点与点之间的移动速度要快，动作要平稳，定位要准确，以便于减少移位时间，提高工作效率。另外，点焊机器人在点焊作业过程中，要保证焊钳能自由移动，可以灵活变动姿态，同时电缆不能与周边设备产生干涉。

点焊机器人还具有报警系统，如果在示教过程中操作者操作错误或者在再现作业过程中出现某种故障，点焊机器人的控制器会发出警报，自动停机，并显示错误或故障的类型。

2. 弧焊机器人

弧焊机器人是指用于自动弧焊作业的工业机器人，其末端执行器是弧焊作业用的各种焊枪，如图 6.14 所示。目前工业生产应用中，弧焊机器人主要包括熔化极气体保护焊接作业和非熔化极气体保护焊接作业 2 种类型。

图 6.14　弧焊机器人弧焊作业

（1）熔化极气体保护焊。熔化极气体保护焊是指采用连续等速送进可熔化的焊丝与被焊工件之间的电弧作为热源来熔化焊丝和母材金属，形成熔池和焊缝，同时要利用外加保护气体作为电弧介质来保护熔滴、熔池金属及焊接区高温金属免受周围空气的有害作用，从而得到良好焊缝的焊接方法，如图 6.15 所示。

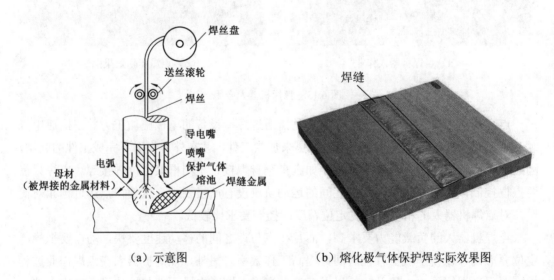

（a）示意图　　　　　　　　　　（b）熔化极气体保护焊实际效果图

图 6.15　熔化极气体保护焊示意图

利用焊丝和母材之间的电弧来熔化焊丝和母材,形成熔池,熔化的焊丝作为填充金属进入熔池与母材融合,冷凝后即为焊缝金属。通过喷嘴向焊接区喷出保护气体,使处于高温的熔化焊丝、熔池及其附近的母材免受周围空气的有害作用。焊丝是连续的,由送丝滚轮不断地送进焊接区。

根据保护气体的不同,熔化极气体保护焊主要有:二氧化碳气体保护焊、熔化极活性气体保护焊和熔化极惰性气体保护焊,其区别见表 6.1。

表 6.1 熔化极气体保护焊的分类与区别

分类	二氧化碳气体保护焊 (CO_2 焊)	熔化极活性气体保护焊 (MAG 焊)	熔化极惰性气体保护焊 (MIG 焊)
区别	CO_2、$CO_2 + O_2$	$Ar + CO_2$、$Ar + O_2$、$Ar + CO_2 + O_2$	Ar、He、Ar + He
适用范围	结构钢和铬镍钢的焊接	结构钢和铬镍钢的焊接	铝和特殊合金的焊接

熔化极气体保护焊的特点如下:

①焊接过程中电弧及熔池的加热熔化情况清晰可见,便于发现问题与及时调整,故焊接过程与焊缝质量易于控制。

②在通常情况下不需要采用管状焊丝,焊接过程没有熔渣,焊后不需要清渣,降低焊接成本。

③适用范围广,生产效率高。

④焊接时采用明弧,使用的电流密度大,电弧光辐射较强,且不适于在有风的地方或露天施焊,往往设备较复杂。

(2)非熔化极气体保护焊。非熔化极气体保护焊主要指钨极惰性气体保护焊(TIG焊),即采用纯钨或活化钨作为不熔化电极,利用外加惰性气体作为保护介质的一种电弧焊方法。TIG 焊广泛用于焊接容易氧化的有色金属铝、镁等及其合金、不锈钢、高温合金、钛及钛合金,还有难熔的活性金属(如钼、铌、锆等)。

TIG 焊有如下特点:

①弧焊过程中电弧可以自动清除工件表面氧化膜,适用于焊接易氧化、化学活泼性强的有色金属、不锈钢和各种合金。

②钨极电弧稳定,即使在很小的焊接电流(<10 A)下仍可稳定燃烧,特别适用于薄板、超薄板材料焊接。

③热源和填充焊丝可分别控制,热输入容易调节,可进行各种位置的焊接。

④钨极承载电流的能力较差,过大的电流会引起钨极熔化和蒸发,其微粒有可能进入熔池,造成污染。

3. 激光焊接机器人

激光焊接机器人是指用于激光焊接自动作业的工业机器人,能够实现更加柔性的激光焊接作业,其末端执行器是激光加工头。

传统的焊接由于热输入极大，会导致工件扭曲变形，从而需要大量后续加工手段来弥补此变形，致使费用加大。而采用全自动的激光焊接技术可以极大地减小工件变形，提高焊接产品质量。激光焊接属于熔融焊接，是将高强度的激光束辐射至金属表面，通过激光与金属的相互作用，金属吸收激光转化为热能使金属熔化后，冷却结晶形成焊缝。激光焊接属于非接触式焊接，作业过程中不需要加压，但需要使用惰性气体以防熔池氧化。

激光焊接的特点如下：

（1）焦点光斑小，功率密度高，能焊接高熔点、高强度的合金材料。

（2）无需电极，没有电极污染或受损的顾虑。

（3）属于非接触式焊接，极大地降低机具的耗损及变形。

（4）焊接速度快，功效高，可进行任何复杂形状的焊接，且可焊材质种类范围大。

（5）热影响区小，材料变形小，无需后续工序。

（6）不受磁场所影响，能精确对准焊件。

（7）焊件位置需非常精确，务必在激光束的聚焦范围内。

（8）高反射性及高导热性材料如铝、铜及其合金等，焊接性会受激光影响而改变。

由于激光焊接具有能量密度高、变形小、焊接速度高、无后续加工的优点，近年来，激光焊接机器人广泛应用在汽车、航天航空、国防工业、造船、海洋工程、核电设备等领域，非常适用于大规模生产线和柔性制造，如图6.16所示。

图 6.16　激光焊接机器人焊接作业

6.3.2　焊接机器人工作站的系统组成

1. 点焊机器人系统组成

点焊机器人系统主要由操作机、控制器、示教器、点焊作业系统和周边设备组成。图6.17所示为点焊机器人系统组成。

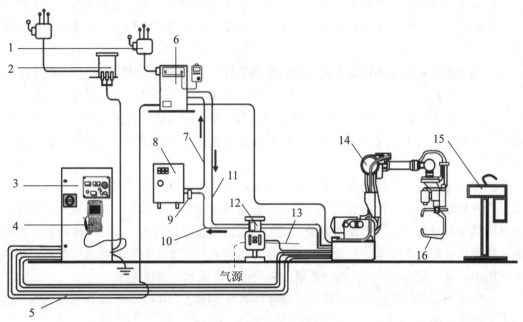

图 6.17 点焊机器人系统组成

1—电源；2—机器人变压器；3—控制器；4—示教器；5—供电及控制电缆；6—点焊控制器；7—点焊控制器冷水管；8—冷却水循环装置；9—冷却水流量开关；10—焊钳回水管；11—焊钳冷水管；12—水气单元；13—操作机；14—焊钳进气管；15—电极修磨机；16—末端执行器（焊钳）

（1）点焊作业系统。点焊作业系统包括焊钳、点焊控制器、供电系统、供气系统和供水系统等。

①焊钳。是指将点焊用的电极、焊枪架和加压装置等紧凑汇总的焊接装置。点焊机器人的焊钳种类较多，目前主要分类如下：

从外形结构上可分为 2 种：X 型焊钳和 C 型焊钳，如图 6.18（a）和（b）所示。按电极臂加压的驱动方式可分为气动焊钳和伺服焊钳，如图 6.18（c）和（d）所示。

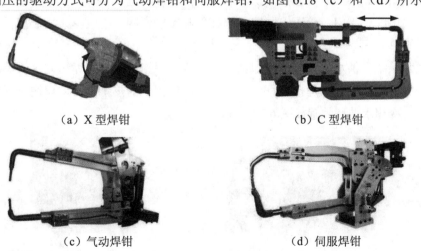

（a）X 型焊钳　　　　　　　　（b）C 型焊钳

（c）气动焊钳　　　　　　　　（d）伺服焊钳

图 6.18 焊钳的分类

X 型焊钳主要用于点焊水平及近于水平倾斜位置的焊点，电极做旋转运动，其运动轨迹为圆弧；C 型焊钳主要用于点焊垂直及近于垂直倾斜位置的焊点，电极做直线往复运动。

气动焊钳是目前点焊机器人采用较广泛的装置，主要利用气缸压缩空气驱动加压气缸活塞，通常具有 2～3 个行程，能够使电极完成大开、小开和闭合 3 个动作，电极压力经调定后是不能随意变化的；伺服焊钳采用伺服电机驱动完成电极张开和闭合，采用脉冲编码器反馈，其张开度可随实际需要任意设定并预置，且电极间的压紧力可实现无级调节。

②点焊控制器。焊接电流、通电时间和电极加压力是点焊的三大条件，而点焊控制器是合理控制这三大条件的装置，是点焊作业系统中最重要的设备。它由微处理器及部分外围接口芯片组成，其主要功能是完成点焊时的焊接参数输入、点焊程序控制、焊接电流控制以及焊接系统故障自诊断，并实现与机器人控制器、示教器的通信联系，如图 6.19 所示。该装置启动后，系统一般就会自动进行一系列的焊接工序。

③供电系统。供电系统主要包括电源和机器人变压器（图 6.20），其作用是为点焊机器人系统提供动力。

图 6.19　点焊控制器　　　　　　　　图 6.20　三相干式变压器

④供气系统。供气系统包括气源、水气单元、焊钳进气管等。其中，水气单元包括压力开关、电缆、阀门、管子、回路、连接器和接触点等，水气单元用于提供水、气回路，如图 6.21 所示。

⑤供水系统。供水系统包括冷却水循环装置、焊钳冷水管、焊钳回水管等。由于点焊是低压大电流焊接，在焊接过程中，导体会产生大量的热量，所以焊钳、焊钳变压器需要水冷。冷却水循环装置如图 6.22 所示。

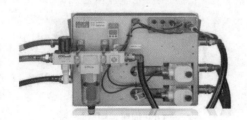 

图 6.21　水气单元　　　　　　　　　图 6.22　冷却水循环装置

（2）周边设备。包括安全保护装置、机器人安装平台、输送装置、工件摆放装置、电极修磨机、点焊机压力测试仪和焊机专用电流表等，用以辅助点焊机器人系统完成整个点焊作业。

①电极修磨机。用于对点焊过程中磨损的电极进行打磨，去除电极表面的污垢，如图 6.23 所示。

②点焊机压力测试仪。用于焊钳的压力校正，如图 6.24 所示。在点焊中为了保证焊接质量，电极加压力是一个重要影响因素，需要对其进行定期测量。

③焊机专用电流表。用于设备的维护、测试点焊时二次短路电流，如图 6.25 所示。

图 6.23　电极修磨机　　图 6.24　点焊机压力测试仪　　图 6.25　焊机专用电流表

2. 弧焊机器人系统组成

弧焊机器人系统主要由操作机、控制器、示教器、弧焊作业系统和周边设备组成。图 6.26 所示为弧焊机器人系统组成。

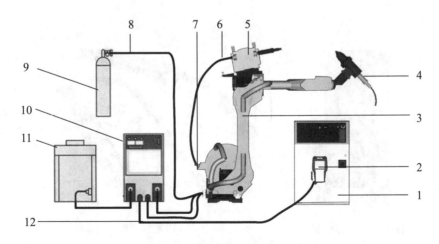

图 6.26　弧焊机器人系统组成

1—控制器；2—示教器；3—操作机；4—末端执行器（焊枪）；5—送丝机；6—送丝导向管；
7—焊丝盘架；8—保护气软管；9—保护气气瓶总成；10—弧焊电源；11—变位机；12—供电及控制电缆

（1）弧焊作业系统。主要由弧焊电源、焊枪、送丝机、保护气气瓶总成和焊丝盘架组成。

①弧焊电源。是用来对焊接电弧提供电能的一种专用设备，如图 6.27 所示。弧焊电源的负载是电弧，它必须具有弧焊工艺所要求的电气性能，如合适的空载电压，一定形状的外特性，良好的动态特性和灵活的调节特性等。

弧焊电源的分类如下：

按输出的电流分，有 3 类：直流、交流和脉冲。

按输出外特性特征分，也有 3 类：恒流特性、恒压特性和缓降特性（介于恒流特性与恒压特性两者之间）。

熔化极气体保护焊的焊接电源通常有直流和脉冲 2 种，一般不使用交流电源。其采用的直流电源有：磁放大器式弧焊整流器、晶闸管弧焊整流器、晶体管式和逆变式等几种。

为了安全起见，每个焊接电源均须安装无保险管的断路器或带保险管的开关；母材侧电源电缆必须使用焊接专用电缆，并避免电缆盘卷，否则因线圈的电感储积电磁能量，二次侧切断时会产生巨大的电压突波，从而导致电源出现故障。

②焊枪。是指在弧焊过程中执行焊接操作的部件。它与送丝机连接，通过接通开关，将弧焊电源的大电流产生的热量聚集在末端来熔化焊丝，而熔化的焊丝渗透到需要焊接的部位，冷却后，被焊接的工件牢固地连接在一起。

焊枪一般由喷嘴、导电嘴、气体分流器、喷嘴接头和枪管（枪颈）等部分组成，如图 6.28 所示。有时在机器人的焊枪把持架上配备防撞传感器，其作用是当机器人在运动时，万一焊枪碰到障碍物，能立即使机器人停止运动，避免损坏焊枪或机器人。

图 6.27　弧焊电源

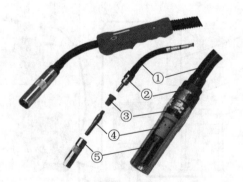

① 喷嘴
② 导电嘴
③ 气体分流器
④ 喷嘴接头
⑤ 枪管（枪颈）

图 6.28　焊枪的结构

其中，导电嘴装在焊枪的出口处，能够将电流稳定地导向电弧区。导电嘴的孔径和长度因焊丝直径的不同而不同。喷嘴是焊枪的重要零件，其作用是向焊接区域输送保护气体，防止焊丝末端、电弧和熔池与空气接触。

焊枪的种类很多，应根据焊接工艺的不同，选择相应的焊枪。焊枪的主要分类如下：按照焊接电流大小，有空冷式和水冷式2种结构，如图6.29（a）和（b）所示；根据机器人的结构，可分为内置式和外置式，如图6.29（c）和（d）所示。

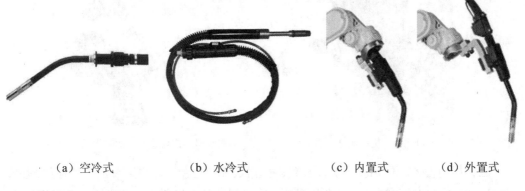

（a）空冷式　　　（b）水冷式　　　（c）内置式　　　（d）外置式

图6.29　焊枪的分类

其中，焊接电流在500 A以下的焊枪一般采用空冷式，而超过500 A的焊枪，一般采用水冷式；内置式焊枪的安装要求机器人末端的连接法兰必须是中空的，而通用型机器人通常选择外置式焊枪。

③送丝机。是为焊枪自动输送焊丝的装置，一般安装在机器人第3轴上，由送丝电动机、加压控制柄、送丝滚轮、送丝导向管、加压滚轮等组成，如图6.30所示。

送丝电动机驱动送丝滚轮旋转，为送丝提供动力，加压滚轮将焊丝压入送丝滚轮上的送丝槽，增大焊丝与送丝滚轮的摩擦，将焊丝修整平直，平稳送出，使进入焊枪的焊丝在焊接过程中不会出现卡丝现象。根据焊丝直径不同，调节加压控制手柄可以调节压紧力大小。而送丝滚轮的送丝槽一般有 $\Phi0.8$ mm、$\Phi1.0$ mm、$\Phi1.2$ mm 三种，应按照焊丝的直径选择相应的输送滚轮。

送丝机的分类主要有：

a. 按照送丝形式分为3种：推丝式、拉丝式和推拉丝式。

b. 按送丝滚轮数可分为：一对滚轮和两对滚轮。

推丝式送丝机主要用于直径为0.8～2.0 mm的焊丝，它是应用最广的一种送丝机；拉丝式送丝机主要用于细焊丝（焊丝直径小于或等于0.8 mm），这是因为细焊丝刚性小，推丝过程易变形，难以推丝；而推拉丝式送丝机既有推丝机，又有拉丝机，但由于结构复杂，调整麻烦，实际应用并不多。送丝机的结构有一对送丝滚轮的，也有两对送丝滚轮的；有只用一个电机驱动一对或两对滚轮的，也有用两个电机分别驱动两对滚轮的。

④焊丝盘架。焊丝盘架可装在机器人第1轴上（如图6.31所示），也可放置在地面上。焊丝盘架用于固定焊丝盘。

图 6.30　送丝机的组成　　　　　图 6.31　焊丝盘架安装在机器人上

（2）周边设备。包括安全保护装置、机器人安装平台、输送装置、工件摆放装置、变位机、焊枪清理装置和工具快换装置等，用以辅助弧焊机器人系统完成整个弧焊作业。

①变位机。在某些焊接场合，因工件空间几何形状过于复杂，使得焊枪无法到达指定的焊接位置或姿态，此时需要采用变位机来增加机器人的自由度，如图 6.32 所示。

变位机的主要作用是实现焊接过程中工件的翻转变位，以便获得最佳的焊接位置，可缩短辅助时间，提高劳动生产率，改善焊接质量。如果采用伺服电机驱动变位机翻转，可作为机器人的外部轴，与机器人实现联动，达到同步运行的目的。

②焊枪清理装置。焊枪经过长时间焊接后，内壁会积累大量的焊渣，影响焊接质量，因此需要使用焊枪清理装置（如图 6.33 所示）进行定期清除。而焊丝过短、过长或焊丝端头成球状，也可以通过焊枪清理装置进行处理。

图 6.32　变位机　　　　　图 6.33　焊枪清理装置

3. 激光焊接机器人系统组成

激光焊接机器人系统主要由操作机、控制器、示教器、激光焊接作业系统和周边设备组成。图 6.34 所示为激光焊接机器人系统组成。

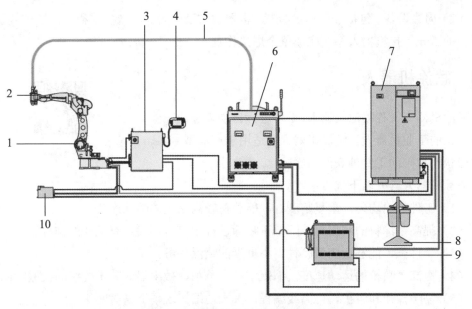

图 6.34 激光焊接机器人系统组成

1—操作机;2—末端执行器(激光加工头);3—控制器;4—示教器;5—传输光纤;
6—激光发生器;7—冷却水循环装置;8—过滤器;9—供水机;10—激光功率传感器

(1)激光焊接作业系统。一般由激光加工头、激光发生器、传输光纤、冷却水循环装置、过滤器、供水机和激光功率传感器等组成。

①激光加工头。是执行激光焊接的部件,如图 6.35 所示,其运动轨迹和激光加工参数是由机器人控制器提供指令确定的。

②激光发生器。其作用是将电能转化为光能,产生激光束,主要有 CO_2 气体激光发生器和 YAG 固体激光发生器两种。CO_2 气体激光发生器功率大,目前主要应用于深熔焊接,而在汽车领域,YAG 固体激光发生器的应用更广。随着科学技术的迅猛发展,半导体激光器的应用愈加广泛,其具有占地面积小、功率大、冷却系统小、光可传导、备件更换频率和费用低等优点,如图 6.36 所示。

图 6.35 激光加工头

图 6.36 半导体激光发生器

（2）周边设备。包括安全保护装置、机器人安装平台、输送装置和工件摆放装置等，用以辅助激光焊接机器人系统完成整个焊接作业。

6.4 喷涂机器人

喷涂机器人又称喷漆机器人，是可进行自动喷漆或喷涂其他涂料的工业机器人。喷涂机器人可适用于产品型号多、表面形状不规则的工件外表面喷涂。

❋ 喷涂机器人

喷涂机器人具有以下优点：

（1）工件喷涂均匀，重复精度好，能获得较高质量的喷涂产品。

（2）提高了涂料的利用率，降低了喷涂过程中有害挥发性有机物的排放量。

（3）柔性强，能够适应多品种、小批量的喷涂任务。

（4）提高了喷枪的运动速度，缩短了生产节拍，效率显著高于传统的机械喷涂。

（5）易于操作和维护，可离线编程，大大地缩短现场调试时间。

基于以上优点，喷涂机器人被广泛应用于汽车及其零配件、仪表、家电、建材和机械等行业。

6.4.1 喷涂机器人的分类

按照机器人手腕结构形式的不同，喷涂机器人可分为球型手腕喷涂机器人和非球型手腕喷涂机器人。其中，非球型手腕喷涂机器人根据相邻轴线的位置关系又可分为正交非球型手腕和斜交非球型手腕 2 种形式，如图 6.37 所示。

（a）球型手腕　　　　（b）正交非球型手腕　　　　（c）斜交非球型手腕

图 6.37　喷涂机器人

1. 球型手腕喷涂机器人

球型手腕喷涂机器人除了具备防爆功能外，其手腕结构与通用六轴关节型工业机器人相同，即 1 个摆动轴、2 个回转轴，3 个轴线相交于一点，且两相邻关节的轴线相互垂直，具有代表性的国外产品有 ABB 公司的 IRB52 喷涂机器人，国内产品有新松公司的 SR35A 喷涂机器人。

2. 正交非球型手腕喷涂机器人

正交非球型手腕喷涂机器人的 3 个回转轴相交于两点，且相邻轴线夹角为 90°，具有代表性的为 ABB 公司的 IRB5400、IRB5500 喷涂机器人。

3. 斜交非球型手腕喷涂机器人

斜交非球型手腕喷涂机器人的手腕相邻两轴线不相互垂直，而是具有一定角度，为 3 个回转轴，且 3 个回转轴相交于两点的形式，具有代表性的为 YASKAWA、KAWASAKI、FANUC 公司的喷涂机器人。

6.4.2 喷涂机器人工作站的系统组成

典型的喷涂机器人工作站主要由操作机、机器人控制系统、供漆系统、自动喷枪/旋杯、供电系统等组成，如图 6.38 所示。

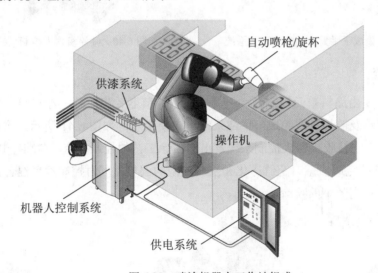

图 6.38 喷涂机器人工作站组成

1. 操作机

喷涂机器人与普通工业机器人相比，操作机在结构方面的差别主要是防爆、油漆及空气管路和喷枪的布置所导致的差异，归纳起来主要特点如下：

（1）手臂工作范围较大，进行喷涂作业时可以灵活避障。

（2）手腕一般有 2~3 个自由度，适合内部、狭窄的空间及复杂工件的喷涂。

（3）一般在水平手臂搭载喷涂工艺系统，从而缩短清洗、换色时间，提高生产效率，节约涂料及清洗液，如图 6.39 所示。

2. 喷涂机器人控制系统

喷涂机器人控制系统主要完成本体和喷涂工艺控制，如图6.40所示。本体控制在控制原理、功能及组成上与通用工业机器人基本相同；喷涂工艺的控制则是对供漆系统的控制，即负责对涂料单元控制盘、喷枪/旋杯单元进行控制，发出喷枪/旋杯开关指令，自动控制和调整喷涂的参数，控制换色阀及涂料混合器完成清洗、换色、混色作业。

图6.39　集成于手臂上的喷涂工艺系统

图6.40　喷涂机器人控制系统

3. 供漆系统

供漆系统主要由涂料单元控制盘、气源、流量调节器、齿轮泵、涂料混合器、换色阀、供漆供气管路及监控管线组成。供漆系统组成模块示例如图6.41所示。涂料单元控制盘简称气动盘，它接收机器人控制系统发出的喷涂工艺的控制指令，精准控制调节器、齿轮泵、喷枪/旋杯完成流量、空气雾化和空气成型的调整；同时控制涂料混合器、换色阀，实现高质量和高效率的喷涂。

（a）流量调节器　　　　　　（b）齿轮泵　　　　　　（c）涂料混合器

图6.41　供漆系统组成模块示例

4. 自动喷枪/旋杯

喷枪是利用液体或压缩空气迅速释放作为动力的一种设备。目前，高速旋杯式静电喷枪已成为应用最广的工业喷涂设备，如图6.42所示。它在工作时利用旋杯的高速旋转运动产生离心作用，将涂料在旋杯内表面伸展成为薄膜，并通过巨大的加速度使其向旋杯边缘运动,在离心力及强电场的双重作用下涂料破碎为极细的且带电的雾滴,向极性相反的被涂工件运动,沉积于被涂工件表面,形成均有、平整、光滑、丰满的涂膜。

图 6.42　高速旋杯式静电喷枪

5. 供电系统

供电系统负责向喷漆机器人、机器人控制器、供漆系统进行供电。

综上所述,喷涂机器人主要包括机器人和自动喷涂设备两部分。机器人由机器人本体及完成喷涂工艺控制的控制系统组成。而自动喷涂设备主要由供漆系统及自动喷枪/旋杯组成。

6.5　打磨机器人

打磨机器人是指可进行自动打磨的工业机器人,主要用于工件的表面打磨、棱角去毛刺、焊缝打磨、内腔内孔去毛刺、孔口螺纹口加工等工作。

打磨机器人的优点主要有:

(1) 改善工人劳动环境,可在有害环境下长期工作。

(2) 降低对工人操作技术的要求,减轻工人的工作强度。

(3) 安全性高,避免因工人疲劳或操作失误引起的风险。

(4) 工作效率高,一天可 24 小时连续生产。

(5) 提高打磨质量,产品精度高,且稳定性好,保证其一致性。

(6) 环境污染少,减少二次投资。

打磨机器人广泛应用于 3C、卫浴五金、IT、汽车零部件、工业零件、医疗器械、木材建、材家、具制造等民用产品行业。

6.5.1　打磨机器人的分类

在目前的实际应用中,打磨机器人大多是六轴机器人。根据末端执行器性质的不同,打磨机器人系统可分为 2 大类:机器人持工件和机器人持工具,如图 6.43 所示。

（a）机器人持工件　　　　　　　　　（b）机器人持工具

图 6.43　打磨机器人系统分类

1. 机器人持工件

机器人持工件通常用于打磨相对比较小的工件，机器人通过其末端执行器抓取待打磨工件并操作工件在打磨设备上进行打磨。一般在该机器人的周围有一台或数台工具。机器人持工件这种方式应用较多，其特点如下：

（1）可以打磨很复杂的几何形状。

（2）可将打磨后的工件直接放到发货架上，容易实现现场流水线化。

（3）在一个工位即可完成机器人的装件、打磨和卸件，投资相对较小。

（4）打磨设备可以很大，也可以采用大功率，可以使打磨设备的维护周期加长，加快打磨速度。

（5）可以采用便宜的打磨设备。

2. 机器人持工具

机器人持工具一般用于大型工件或对于机器人来说比较重的工件。机器人末端持有打磨抛光工具并对工件进行打磨抛光。工件的装卸可由人工进行，机器人自动地从工具架上更换所需的打磨工具。通常在此系统中采用压力控制装置来保证打磨工具与工件之间的压力一致，用以补偿打磨头的消耗，获得均匀一致的打磨质量，同时也能简化示教。机器人持工具这种方式有如下的特点：

（1）工具要求结构紧凑、重量轻。

（2）打磨头的尺寸小，消耗快，更换频繁。

（3）可以从工具库中选择和更换所需的工具。

（4）可以用于磨削工件的内部表面。

6.5.2　打磨机器人工作站的系统组成

本书仅介绍机器人持工具的打磨机器人系统的基本组成，其系统主要包括操作机、控制器、示教器、打磨作业系统和周边设备。图 6.44 所示为机器人持工具的打磨机器人系统组成。

第6章 工业机器人行业应用

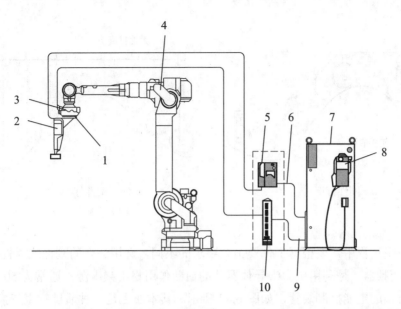

1—自动快换装置（ATC）；2—末端执行器（打磨动力头）；3—力传感器；4—操作机；5—变频器；
6—工具转速控制电缆；7—控制器；8—示教器；9—控制电缆；10—力传感器控制器

图6.44 打磨机器人的系统组成

1. 打磨作业系统

打磨作业系统包括打磨动力头、变频器、力传感器、力传感器控制器和自动快换装置等。

（1）打磨动力头。是一种用于机器人末端进行自动化打磨的装置，如图6.45所示。

图6.45 打磨动力头

根据工作方式的不同，打磨可分为刚性打磨和柔性打磨。

刚性打磨通常应用在工件表面较为简单的场合，由于刚性打磨头与工件之间属于硬碰硬性质的应用，很容易因工件尺寸偏差和定位偏差造成打磨质量下降，甚至会损坏设备，如图6.46（a）所示；而在工件表面比较复杂的情况下一般采用柔性打磨，柔性打磨头中的浮动机构能有效避免刀具和工件的损坏，吸收工件及定位等各方面的误差，使工具的运行轨迹与工件表面形状一致，实现跟随加工，保证打磨质量，如图6.46（b）所示。

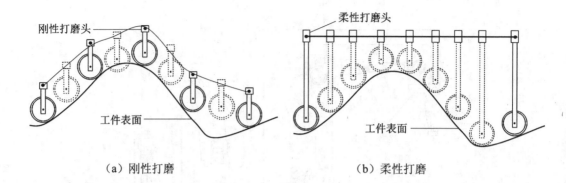

(a) 刚性打磨　　　　　　　　(b) 柔性打磨

图 6.46　打磨方式

实际应用过程中,要根据工件及工艺要求的不同,选用适合的刚性或柔性打磨头。

(2) 变频器。是利用电力半导体器件的通断作用将工频电源(通常为 50 Hz)变成频率连续可调的电能控制装置,如图 6.47 所示。其本质上是一种通过频率变换方式来进行转矩(速度)和磁场调节的电机控制器。

(3) 自动快换装置。在多任务作业环境中,一台机器人要能够完成抓取、搬运、安装、打磨、卸料等多种任务,而自动快换装置的出现,让机器人能够根据程序要求和任务性质,自动快速更换末端执行器,完成相应的任务,如图 6.48 所示。自动快换装置能够让打磨机器人快速从工具库中选择和更换所需的工具。

图 6.47　变频器　　　　　　　图 6.48　自动快换装置

2. 周边设备

周边设备包括安全保护装置、机器人安装平台、输送装置、工件摆放装置、消音装置等,用以辅助打磨机器人系统完成整个打磨作业。

打磨工具会产生刺耳的高频噪声,而且打磨粉尘也会对车间造成污染。因此,打磨机器人系统应放置于消音房中,采用吸隔音墙体降低噪声;房顶采用除尘管道,其接口可以连接车间的中央除尘系统,浮尘可由除尘系统抽走处理,大颗粒灰尘沉积下来,定期由人工清扫。

小 结

目前,汽车、电子电器、工程机械、食品、医疗等行业已经大量使用工业机器人以实现自动化生产线。本章围绕搬运、焊接、喷涂和打磨等 4 个典型应用,介绍了工业机器人的行业应用。针对每一个应用,介绍了工业机器人的分类、工业机器人工作站的系统组成,及各个组件的作用。通过对工业机器人常见应用系统的介绍,希望能够使读者对工业机器人系统集成应用有初步了解。

思考题

1. 工业机器人主要的行业应用包括哪些?
2. 搬运机器人是指什么?
3. 搬运机器人分为哪几类?
4. 搬运机器人工作站主要由哪几部分组成?
5. 焊接机器人是指什么?
6. 按焊接工艺的不同,焊接机器人分为哪几类?
7. 焊接机器人工作站主要由哪几部分组成?
8. 喷涂机器人是指什么?
9. 按照机器人手腕结构形式,喷涂机器人分为哪几类?
10. 喷涂机器人工作站主要由哪几部分组成?
11. 打磨机器人是指什么?
12. 根据末端执行器性质的不同,打磨机器人系统可分为哪几类?
13. 打磨机器人工作站主要由哪几部分组成?

第7章 工业机器人视觉技术应用

工业 4.0 离不开智能制造，智能制造离不开机器视觉。如果说工业机器人是人类手的延伸、交通工具是人类腿的延伸，那么机器视觉就相当于人类视觉在机器上的延伸，是实现工业自动化和智能化的必要手段。机器视觉具有高度自动化、高效率和能够适应较差环境等优点，其与工业机器人相结合，已成为工业机器人应用的发展趋势。

机器人视觉诞生于机器视觉之后，通过视觉系统使机器人获取环境信息，从而指导机器人完成一系列动作和特定行为，能够提高工业机器人的识别定位和多机协作能力，增加机器人工作的灵活性，为工业机器人在高柔性和高智能化生产线中的应用奠定了基础。

7.1 工业机器人视觉功能

机器视觉系统提高了生产的自动化程度，能够在不适合人工作业的危险环境中工作，让大批量、持续生产变成了现实，大大提高了生产效率和产品精度。其快速获取信息并自动处理的性能，为工业生产的信息集成提供了方便。随着技术的成熟与发展，机器视觉在工业领域中应用的主要途径之一是工业机器人，按照功能的不同，工业机器人的视觉功能可以分成 4 类：引导、检测、测量和识别，各功能对比见表 7.1。

※ 工业机器人视觉功能

表 7.1 视觉功能对比表

	引导	检测	测量	识别
功能	引导定位物体位姿信息	检测产品完整性、位置准确性	实现精确、高效的非接触式测量应用	快速识别代码、字符、数字、颜色、形状
输出信息	位置和姿态	完整性相关信息	几何特征	数字、字母、符号信息
场景应用	定位元件位姿	检测元件缺损	测量元件尺寸	识别元件字符

7.1.1 引导

机器人视觉引导是指视觉系统通过非接触传感的方式，实现指导机器人按照工作要求对目标物体进行作业，包括零件的定位放取、工件的实时跟踪等。

引导功能输出的是目标物体的位置和姿态。将元件与规定的公差进行比较，并确保元件处于正确的位置和姿态，以验证元件装配是否正确。视觉引导可用于将元件在二维或三维空间内的位置和方向报告给机器人或机器人控制器,让机器人能够定位元件或机器,以便将元件对位。机器人引导定位阿胶块(图 7.1)。视觉引导还可用于与其他机器视觉工具进行对位。在生产过程中,元件可能是以未知的方向呈现到相机面前,通过定位元件,并将其他机器视觉工具与该元件对位,能够实现工具自动定位,机器人外包装引导定位(图 7.2)。

图 7.1 机器人视觉引导应用　　　　图 7.2 视觉外包装引导定位应用

7.1.2 检测

机器人视觉检测是指视觉系统通过非接触动态测量的方式,检测出包装、印刷有无错误、划痕等表面的相关信息,或者检测制成品是否存在缺陷、污染物、功能性瑕疵,并根据检测结果来控制机器人进行相关动作,实现产品检验。

检测功能输出目标物体的完整性相关信息。检测功能应用较广泛,其应用场合包括检验片剂式药品是否存在缺陷,如图 7.3(a)所示。在食品和医药行业,机器视觉用于确保产品与包装的匹配性,以及检查包装瓶上的安全密封垫、封盖和安全环是否存在等,如图 7.3(b)所示。

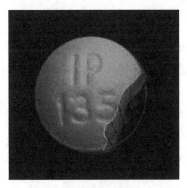 

(a)药品缺陷检测　　　　(b)瓶盖合格性检测

图 7.3 机器视觉系统检测应用

这种检测方法除了能完成常规的空间几何形状、形体相对位置、物件颜色等的检测外，如配上超声、激光、X 射线探测装置，则还可以进行物件内部的缺陷探伤、表面涂层厚度测量等作业。

7.1.3 测量

机器人视觉测量是指求取被检测物体相对于某一组预先设定的标准偏差，如外轮廓尺寸、形状信息等。

测量功能可以输出目标物体的几何特征等信息。通过计算被检测物体上两个或两个以上的点，或者通过几何位置之间的距离来进行测量，然后确定这些测量结果是否符合规格；如果不符合，视觉系统将向机器人控制器发送一个未通过信号，进而触发生产线上的不合格产品剔除装置，将该物品从生产线上剔除。常见的机器视觉测量应用包括齿轮、接插件、汽车零部件、IC 元件管脚、麻花钻、螺钉螺纹检测等。在实际应用中，通常有元件尺寸测量，如图 7.4（a）所示；零部件中圆尺寸测量，如图 7.4（b）所示。

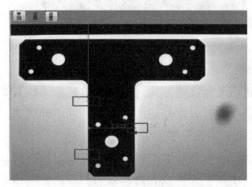 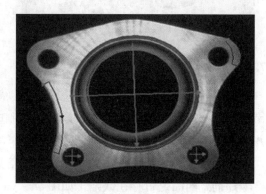

（a）元件尺寸测量　　　　　　　　（b）零部件中圆尺寸测量

图 7.4　机器视觉系统元件测量应用

7.1.4 识别

机器人视觉识别是指通过读取条码、DataMatrix 码、直接部件标识（DPM）及元件、标签和包装上印刷的字符，或者通过定位独特的图案和基于颜色、形状、尺寸或材质等来识别元件。

识别功能输出数字、字母、符号等的验证或分类信息。其中，字符识别系统能够读取字母、数字、字符，无需先备知识；而字符验证系统则能够确认字符串的存在性。DPM 能够确保可追溯性，从而提高资产跟踪和元件真伪验证能力。DPM 应用是指将代码或字符串直接标记到元件上面。

在实际应用中，在输送装置上配置视觉系统，机器人就可以对存在形状、颜色等差异的物件进行非接触式检测，识别分拣出合格的物件。文字字符识别、二维码识别、颜色分拣识别，如图 7.5 所示。

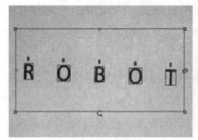  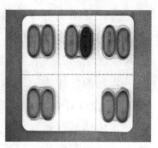

　　（a）文字字符识别　　　　　　（b）二维码识别　　　　　　（c）颜色识别

图 7.5　视觉识别系统的应用

7.2　工业机器人视觉系统概述

※　工业机器人视觉系统概述

工业机器人视觉系统相当于机器人的眼睛，本节主要介绍机器视觉系统的基本组成、视觉系统的工作过程、相机与机器人如何配合安装三个主要内容，典型的视觉系统一般包括相机、镜头、光源、图像处理单元或图像采集卡、图像处理软件、通信/输入输出单元、工业机器人外部设备等主要结构。

7.2.1　基本组成

机器视觉就是用机器代替人眼来做测量和判断。机器人视觉系统在作业时，工业相机首先获取到工件当前的位置状态信息，并传输给视觉系统进行分析处理，并和工业机器人进行通信，将工件坐标系与工业机器人的坐标系进行转换，调整工业机器人至最佳位置姿态，最后引导工业机器人完成作业。

一个完整的工业机器人视觉系统是由众多功能模块共同组成的，所有功能模块相辅相成，缺一不可。基于 PC 的工业机器人视觉系统具体由图 7.6 所示的几部分组成。

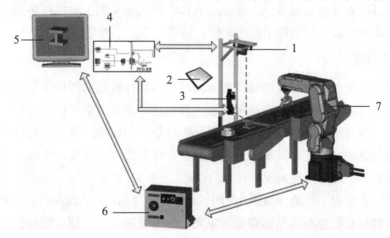

图 7.6　典型的视觉系统组成

1—工业相机与工业镜头；2—光源；3—传感器；4—图像采集卡；5—图像处理软件；
6—机器人控制单元；7—工业机器人及外部设备

①工业相机与工业镜头。这部分属于成像器件，通常的视觉系统都是由一套或者多套这样的成像系统组成，如果有多路相机，可能由图像卡切换来获取图像数据，也可能由同步控制同时获取多相机通道的数据。

②光源。作为辅助成像器件，对成像质量的好坏往往能起到至关重要的作用，各种形状的 LED 灯、高频荧光灯、光纤卤素灯等类型的光源都可能会用到。

③传感器。通常以光纤开关、接近开关等的形式出现，用以判断被测对象的位置和状态，告知图像传感器进行正确的采集。

④图像采集卡。通常以插入卡的形式安装在 PC 中，图像采集卡的主要工作是把相机输出的图像输送给电脑主机。它将来自相机的模拟或数字信号转换成一定格式的图像数据流，同时它可以控制相机的一些参数，比如触发信号、曝光时间、快门速度等。图像采集卡通常有不同的硬件结构以针对不同类型的相机，同时也有不同的总线形式，比如 PCI、PC104、PCI64、Compact PCI、ISA 等。

⑤图像处理软件。机器视觉软件用来完成输入的图像数据的处理，然后通过一定的运算得出结果，这个输出的结果可能是 PASS/FAIL 信号、坐标位置、字符串等。常见的机器视觉软件以 C/C++图像库、ActiveX 控件、图形式编程环境等形式出现，可以是专用功能的（比如仅仅用于 LCD 检测、BGA 检测、模板对准等），也可以是通用目的的（包括定位、测量、条码/字符识别、斑点检测等）。通常情况，智能相机集成了上述④、⑤部分的功能。

⑥机器人控制单元（包含 I/O、运动控制、电平转化单元等）。一旦视觉软件完成图像分析（除非仅用于监控），紧接着需要和外部单元进行通信以完成对生产过程的控制。简单的控制可以直接利用部分图像采集卡自带的 I/O，相对复杂的逻辑/运动控制则必须依靠附加可编程逻辑控制单元/运动控制卡来控制机器人等设备实现必要的动作。

⑦工业机器人等外部设备。工业机器人作为视觉系统的主要执行单元，根据控制单元的指令及处理结果，完成对工件的定位、检测、识别、测量等操作。

7.2.2 工作过程

机器视觉系统是指通过机器视觉装置将被检测目标转换成图像信号，传送给专用的图像处理系统，根据像素分布和亮度、颜色等信息，转变成数字化信号；图像处理系统对这些数字化信号进行各种运算来抽取目标的特征，如面积、数量、位置、长度、颜色等，再根据预设的允许度和其他条件输出结果，包括尺寸、角度、个数、是否合格、外观、条码特征等，进而来控制现场设备的作业。

机器视觉系统的工作流程如图 7.7 所示。首先连接相机，确保相机已连接成功，触发相机拍照，将拍好图像反馈给图像处理单元，图像处理单元对捕捉到的像素进行分析运算来提取目标特征，识别到被检测的物体，对物体进行数据分析，进而引导机器人对物体进行定位抓取，反复循环此工作过程。

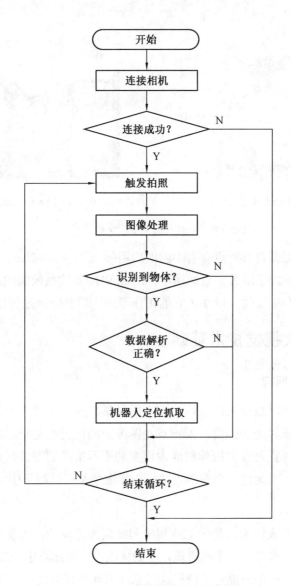

图 7.7 机器视觉系统工作流程图

7.2.3 相机安装

在工业应用中,工业机器人视觉系统简称手眼系统(Hand-Eye System),根据机器人与摄像机之间的相对位置关系可以将机器人本体手眼系统分为 Eye-in-Hand(EIH)式系统和 Eye-to-Hand(ETH)式系统。

(1)Eye-in-Hand 式系统:摄像机安装在工业机器人本体末端,并跟随本体一起运动的视觉系统,如图 7.8(a)所示。

(2)Eye-to-Hand 式系统:摄像机安装在工业机器人本体之外的任意固定位置,在机器人工作过程中不随机器人一起运动,只是利用摄像机捕获的视觉信息来引导机器人本体动作,该视觉系统称为 Eye-to-hand 式系统,如图 7.8(b)所示。

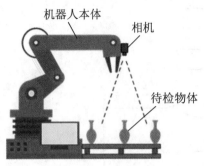
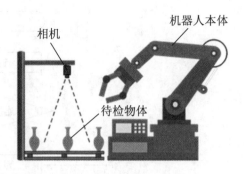

（a）Eye-in-Hand 式系统　　　　　　　（b）Eye-to-Hand 式系统

图 7.8　机器人视觉系统安装方式

这两种视觉系统根据自身特点有着不同的应用领域。Eye-to-Hand 式系统能在小范围内实时调整机器人姿态，手眼关系求解简单；Eye-in-Hand 式系统的优点是摄像机的视场随着机器人的运动而发生变化，增加了它的工作范围，但其标定过程比较复杂。

7.3　工业机器人视觉技术基础

7.3.1　视觉系统成像原理

图像是空间物体通过成像系统在像平面上的投影。图像上每一个像素点的灰度反映了空间物体表面点的反射光的强度，而该点在图像上的位置则与空间物体表面对应点的几何位置有关。机器视觉是根据摄像机成像模型利用所拍摄的图像，来计算三维空间中被测物体的几何参数，因此建立合理的摄像机成像模型是三维测量中的重要步骤。

1. 透视成像原理

机器视觉中的光学成像系统是由工业相机和镜头所构成的，镜头由一系列光学镜片和镜筒所组成，其作用相当于一个凸透镜，使物体成像。因此对于一般的机器视觉系统，可以直接应用透镜成像理论来描述摄像机成像系统的几何投影模型（见图 7.9）。

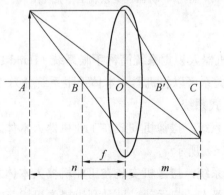

图 7.9　透镜成像原理

根据物理学中光学原理可知：

$$\frac{1}{f} = \frac{1}{m} + \frac{1}{n}$$

式中　f——透镜焦距，$f=OB$；

　　　m——像距 $m=OC$；

　　　n——物距 $n=AO$。

一般地，由于 $n \gg f$，则有 $m \approx f$，这时可以将透镜成像模型近似地用小孔（针孔）成像模型代替。针孔模型假设物体表面的反射光都经过一个针孔而投影到像平面上，即满足光的直线传播条件。针孔模型主要由光心（投影中心）、成像面和光轴组成（图 7.10）。针孔模型与透镜成像模型具有相同的成像关系，即像点是物点和光心的连线与图像平面的交点。

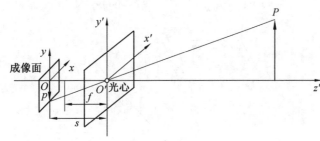

图 7.10　针孔成像模型

实际应用中通常对上述针孔成像模型进行反演，使图像平面沿着光轴位于投影中心的前面，同时保持图像平面中心的坐标系（图 7.11），该模型称为小孔透视模型，由投影的几何关系就可以建立空间中任何物体在相机中的成像位置的数学模型。对于眼睛、摄像机或其他许多成像设备而言，小孔透视模型是最基本的模型，也是一种最常用的理想模型，其在物理上相当于薄透镜，它的成像关系是线性的。小孔透视模型不考虑透镜的畸变，在大多数场合，这种模型可以满足精度要求。

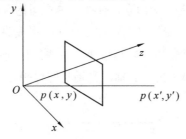

图 7.11　小孔成像原理

2. 坐标系

摄像机成像模型通过一系列坐标系来描述在空间中的点与该点在像平面上的投影之间的相互关系，其几何关系如图 7.12 所示，其中 O_c 点称为摄像机的光心。摄像机成像过程中所用到的坐标系有世界坐标系、摄像机坐标系、图像坐标系和像素坐标系。

(1)世界坐标系。是指空间环境中的一个三维直角坐标系,如图 7.12 所示的 O_w-$x_w y_w z_w$,通常为基准坐标系,用来描述环境中任何物体(如摄像机)的位置。空间物点 p 在世界坐标系中的位置可表示为(x_w, y_w, z_w)。

(2)摄像机坐标系。是以透镜光学原理为基础,其坐标系原点为摄像机的光心,轴为摄像机光轴,如图 7.12 所示的空间直角坐标系 O_c-$x_c y_c z_c$,其中 z_c 轴与光轴重合。空间物点 p' 在摄像机坐标系中的三维坐标为(x_c, y_c, z_c)。

(3)图像坐标系。是建立在摄像机光敏成像面上、原点在摄像机光轴上的二维坐标系,如图 7.12 所示的 O-xy。图像坐标系的 x、y 轴分别平行于摄像机坐标系的 x_c、y_c 轴,原点 O 是光轴与图像平面的交点。空间物点 p' 在图像平面的投影为 p,点 p 在图像坐标系中的位置可表示为 $p(x, y)$。

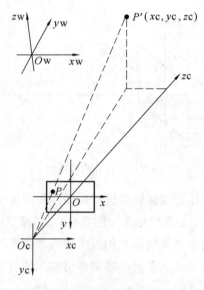

图 7.12 摄像机成像模型

(4)像素坐标系。是一种逻辑坐标系,存在于摄像机内存中,并以矩阵的形式进行存储,原点位于图像的左上角,如图 7.13 所示的 O_0-uv 平面直角坐标系。在获知摄像机单位像元尺寸的情况下,图像坐标系可以与像素坐标系之间进行数据转换。像素坐标系的 u、v 轴分别平行于图像坐标系的 x,y 轴,光轴与图像平面的交点 O 的像素坐标可表示为(u_0, v_0)。

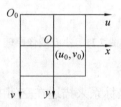

图 7.13 像素坐标系

3. 畸变模型

在计算机视觉的研究和应用中，将三维空间场景通过透视变换转换成二维图像，所使用的仪器或设备都为由多片透镜组成的光学镜头，如胶片相机、数码相机、摄像机等。他们都有着相同的成像模型，即小孔模型。由于摄像机制造和工艺的原因，如入射光线在通过各个透镜时的折射误差和CCD点阵位置误差等，摄像机的光学成像系统与理论模型之间存在差异，因此二维图像存在着不同程度的非线性变形，通常把这种非线性变形称为几何畸变。

镜头的几何畸变包括径向畸变、偏心畸变和薄棱镜畸变三种。径向畸变主要是由镜头形状缺陷造成的，是关于摄像机镜头的主光轴对称的。偏心畸变主要是由光学系统与几何中心不一致造成的，即透镜的光轴中心不能严格共线。薄棱镜畸变是由于镜头设计、制造缺陷和加工安装误差所造成的，如镜头与摄像机面有很小的倾角等。上述三种畸变导致两种失真，其关系如图7.14所示。

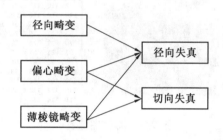

图7.14 镜头畸变与失真关系

在图像的各种形式畸变中，图像径向畸变占据着主导地位，主要包括枕形畸变和桶形畸变（见图7.15）。而对于切向畸变，在实际的相机成像过程中，并不明显，因此可以忽略。

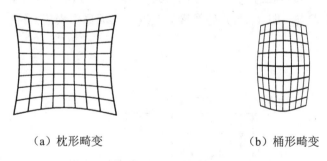

（a）枕形畸变　　　　　　　　　　（b）桶形畸变

图7.15 径向畸变

线性投影模型忽略了镜头畸变过程，只能用于视野较狭窄的摄像机定标，当镜头畸变较明显，特别是在使用广角镜头时，在远离图像中心处会有较大的畸变，这时，线性模型就无法准确地描述成像几何关系，需要使用非线性模型的标定方法。由于相机的畸变校正需要引入非线性畸变公式，推导过程比较复杂，这里不过多讲解。

7.3.2 数字图像基础

1. 数字图像定义

数字图像,又称数码图像或数位图像,是二维图像用有限数字数值像素的表示。数字图像用数组或矩阵来表示,其光照位置和强度都是离散的。数字图像是由模拟图像数字化得到的,以像素为基本元素,可以用数字计算机或数字电路存储和处理的图像(见图7.16)。

※ 数字图像基础

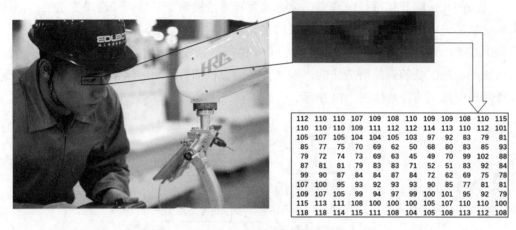

图 7.16 数字图像表示

2. 像素与像素级

像素(或像元,Pixel)是数字图像的基本元素,是在模拟图像数字化时对连续空间进行离散化得到的。每个像素具有整数行(高)和列(宽)位置坐标,同时每个像素都具有整数灰度值或颜色值。通常把数字图像的左上角作为坐标原点,水平向右为横坐标 x 的正方向,垂直向下作为纵坐标 y 的正方向(见图7.17)。在距离图像原点垂直方向为 i、水平方向为 j 的像素点,即 (i, j) 处像素的灰度值(简称像素值),可以用数组 image (i, j) 表示。

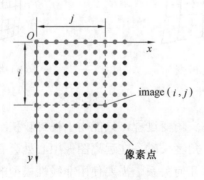

图 7.17 图像像素

像素数是指一帧图像上的像素的个数,像素级是指像素数字大小的范围。像素数和像素级决定了图像的清晰度,也就是图像质量的好坏(见图7.18)。像素越高,单位面积内的像素点越多,清晰度越高;像素级越高,即像素值范围(量化级数)越大,图像灰度表现越丰富。在实际应用中,考虑到在计算机内操作的方便性,像素级一般采用 256级,这意味着表示像素的灰度取值在 0~255 之间。

(a) 512×384　　　　　(b) 256×192　　　(c) 128×96　　(d) 64×48

图 7.18　不同像素数的图像

3. 图像处理基础

本节的主要目的是介绍所用到的数字图像处理的一些基本概念,包括灰度处理、图像二值化及图像锐化。

(1)灰度处理。灰度是指只含亮度信息,不含色彩信息的图像。黑白照片就是灰度图,其特点是亮度由暗到明,变化是连续的。灰度图像的描述与彩色图像一样,仍然反映了整幅图像的整体和局部的色度和亮度等级的分布和特征。

将彩色图像转化为灰度图像的过程称为图像灰度化。彩色图像中的像素值由 R、G、B 三个分量决定,每个分量都可在 0~255(256 种)之间进行选择,这样一个像素点的像素值可以有 1 600 万种可能(256×256×256)颜色的变化范围。而灰度图像是 R、G、B 三个分量相同的一种特殊的彩色图像,像素值的变化范围为 256 种。所以在数字图像处理中一般先将各种格式的图像转变成灰度图像,以便后续处理,降低计算量。

灰度化原理:首先通过灰度值计算方法求出每一个像素点的灰度值 Gray,用 Gray 来表示像素点的灰度值,然后将原来的 RGB(R,G,B)中的 R、G、B 统一用 Gray 替换,形成新的颜色 RGB(Gray,Gray,Gray),最后用它替换原来的 RGB(R,G,B) 就是灰度图了。

灰度值 Gray 的计算可用以下 3 种方法来实现,即最大值法、均值法、加权平均法,3 种方法灰度化的效果如图 7.19 所示。

（a）原图　　　（b）灰度化（最大值法）　　（c）灰度化（均值法）　　（d）灰度化（加权平均法）

图 7.19　图像灰度化

（2）图像二值化。在进行了灰度化处理之后，图像中每个像素的 R、G、B 为同一个值，即像素的灰度值，它的大小决定了像素的亮暗程度。为了更加便利地开展后面图像处理操作，还需要对已经得到的灰度图像做一个二值化处理。

二值化就是让图像的像素点矩阵中的每个像素点的灰度值为 0（黑色）或者 255（白色），让整个图像呈现只有黑和白的效果。同图像的灰度化方法相似，图像二值化是通过选取合适的阈值（阈值就是临界值，实际上是基于图片亮度的一个黑白分界值），将灰度或彩色图像转化为高对比度的黑白图像时，可以指定某个色阶作为阈值，所有比阈值亮的像素转换为白色，而所有比阈值暗的像素转换为黑色。阈值处理对确定图像的最亮和最暗区域很有用。进而求出每一个像素点的灰度值（0 或者 255），然后将灰度值为 0 的像素点的 RGB 设为（0，0，0），即黑色；将灰度值为 255 的像素点的 RGB 设为（255，255，255），即白色，最后得到二值图像。

在数字图像处理中，图像的二值化有利于图像的进一步处理，使图像变得简单，而且数据量减小，能凸显出感兴趣的目标轮廓。和灰度化相似，图像的二值化也有很多成熟的算法。它可以采用全局阈值法，也可以采用自适应阈值法。图像二值化效果如图 7.20 所示。

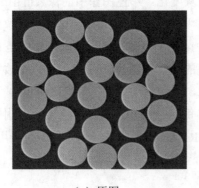 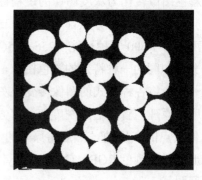

（a）原图　　　　　　　　　　　　（b）全局阈值化（T=128）

图 7.20　图像二值化效果

（3）图像锐化。由于噪声、光照等外界环境或设备本身的原因，图像在生成、获取与传输的过程中，往往会发生质量的降低，因此在对图像进行边缘检测、图像分割等操作之前，一般都需要对原始数字图像进行增强处理。一方面是改善图像的视觉效果，另一方面也能提高边缘检测或图像分割的质量，突出图像的特征，便于计算机更有效地对图像进行识别和分析。

图像锐化技术不考虑图像质量下降的因素，只将图像中的边界、轮廓有选择地突出，突出图像中的重要细节，改善视觉质量，提高图像的可视度。

锐化的作用是使灰度反差增强，因为边缘和轮廓都位于灰度突变的地方。图像的锐化和边缘检测很像，首先找到边缘，然后把边缘加到原来的图像上面，这样就强化了图像的边缘，使图像看起来更加锐利了（图7.21）。

（a）原图　　　　　　　　　　　　（b）锐化后的图像

图7.21　图像锐化效果

数字图像处理是进一步进行图像识别、分析和理解的基础。数字图像处理的常用方法除了以上介绍的灰度处理、图像二值化、图像锐化这三种基础方法之外，还有各种更加复杂的算法，可实现丰富的图像处理功能。比如图像模糊算法可以去除图像上的噪声信号；图像分割算法可将图像的前景与背景分离；边缘检测算法可将图像中的边缘信息提取出来。

7.4　工业机器人视觉行业应用

随着国内制造业的快速发展，对于产品检测和质量的要求不断提高，各行各业对图像和机器视觉技术的工业自动化需求将越来越大。在行业应用方面，主要有汽车制造、电子、半导体、食品饮料、物流、制药、包装、纺织、烟草、交通等行业用机器视觉技术取代人工，提高了生产效率和产品质量。例如在物流行业，可以使用机器视觉技术进行快递的分拣分类，减少物品的损坏率，提高分拣效率，减少人工劳动。

7.4.1　汽车领域

汽车行业是比较早应用机器视觉的行业之一，汽车在零部件生产、组装等各个环节有很高的要求，是一个高科技的行业，需要用到很多先进的自动化技术，以确保生产的进行。目前，汽车制造的很多环节都是使用自动化设备进行操作的，但为了确保每一个零部件的合格性，就需要可靠的技术进行检验。机器视觉是目前工业中公认的精确率最高的检测技术，具有自己独特的优势，所以在汽车行业中被广泛应用。

机器视觉技术在汽车领域的应用主要起到缺陷检测、尺寸测量、视觉引导定位等作用，目前已经用于汽车生产制造的各个环节，例如汽车零部件的尺寸及外观质量检测、装配检测等，如图 7.22 所示。机器视觉技术的应用对于提升汽车整体质量、提高效率有着重要意义，是汽车行业不可缺少的重要关键技术。

1. 发动机总成视觉检测

对传送带上的发动机进行在线外观检测，包括漏装、错装、粗糙度、加工情况等多项检测，且不影响产量。

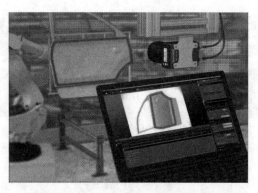

图 7.22　机器视觉在汽车领域的应用

2. 车灯外边缘及面差隙差检测

利用机器视觉技术非接触式测量车灯外边缘三维坐标，与设计模型进行比对，提前计算车灯与车体总成后的隙差和面差。

7.4.2　电子及半导体领域

高性能、精密的专业设备制造领域中机器视觉的应用十分广泛，比较典型的是世界范围内最早带动整个机器视觉行业崛起的半导体行业，从上游晶圆加工制造的分类切割，到末端电路板印刷、贴片，都依赖于高精度的视觉测量对于运动部件的引导和定位。

在电子制造领域，小到电容、连接器等元器件，大到手机键盘、PC 主板、硬盘，在电子制造行业链条的各个环节，几乎都能看到机器视觉系统的身影。其中，3C 自动化设备应用最多，有 70% 的机器视觉单位应用在该环节，在实际应用中，机器视觉检测系统可以快速检测排线的顺序是否有误，电子元器件是否错装漏装，接插件及电池尺寸是否合规等，如图 7.23 所示。

具体来看，机器视觉在电子制造领域的应用主要是引导机器人进行高精度 PCB 定位、SMT 元件放置，以及表面检测，主要应用在 PCB 印刷电路、电子封装、丝网印刷、SMT 表面贴装、SPI 锡膏检测、回流焊和波峰焊等工序。

（a）PC 板芯片的高度和角度测量　　　　　　（b）光学元件平行度测量

图 7.23　机器视觉在电子半导体领域的应用

7.4.3　食品和饮料领域

对于食品饮料生产制造企业而言，其生产自动化程度越来越高，对产品质量、生产效率的要求也越来越严格。采用机器视觉技术，可以实现稳定、连续、可靠的产品检测，克服人工检测易疲劳、个体差异、重复性差等缺点，可帮助企业提升产品质量水平，提高生产效率，降低生产成本。

在食品和饮料行业，机器视觉技术的应用示例如图 7.24 所示。

（a）视觉系统检查罐底的固体颗粒、污点　　　　　　（b）高速拣选

图 7.24　机器视觉在食品和饮料行业中的应用

1. 盒装食品外包装检测

机器视觉系统可对盒装食品的外包装进行检测，包括外包装破损、标签有无、生产日期有无等检测。

2. 透明瓶装饮料的液位及瓶盖缺损检测

机器视觉系统可对透明瓶装饮料的液位进行检测，保障饮料灌装的一致性；对瓶盖包装进行检测，剔除漏装瓶盖、瓶盖歪斜等不良品。

3. 易拉罐包装饮料、罐头食品等外形检测

机器视觉系统可对易拉罐包装饮料、罐头食品等的拉环质量、生产日期有无、序列号等进行检测。

4. 纸盒饮料外包装检测

机器视觉系统可对纸盒饮料的外包装如吸管有无、插孔是否破损等进行检测。

5. 整体包装计数

机器视觉系统可对瓶装、盒装饮料等的整体包装进行计数，保证包装数量。

小 结

机器人通过视觉系统使机器人获取环境信息，从而指导机器人完成一系列动作和特定行为。本章围绕引导、检测、测量和识别四个方面，介绍了工业机器人的视觉应用。本章介绍了工业机器人视觉系统的基本组成和工作原理，并分析了工业机器人的视觉技术基础，包括系统成像原理和数字图像基础。最后，以汽车行业、电子及半导体行业、食品和饮料行业为例，概要地介绍了工业机器人视觉技术的行业应用。

思考题

1. 工业机器人视觉功能包括哪四大类？
2. 机器人视觉引导是指什么？
3. 机器人视觉检测是指什么？
4. 工业机器人视觉系统由哪些部分组成？
5. 请简述机器视觉系统的工作流程。
6. 工业机器人视觉系统按照相机的安装位置可分为哪几类？
7. 摄像机成像过程中常用的坐标系有哪几种？
8. 镜头的几何畸变分为哪几种？
9. 什么是数字图像？如何表示？
10. 图像灰度化的原理是什么？
11. 请简述图像锐化的基本方法。
12. 请举一个例子介绍工业机器人视觉的行业应用。

第8章 智能移动机器人

作为智能制造的一项关键技术,机器人应用在最近几年取得了突飞猛进的发展。中国制造业的产业升级和技术创新,为机器人行业提供了一个良好的发展机遇。在工业应用场景中,随着机器人易用性、稳定性以及智能水平的不断提升,机器人的应用领域逐渐由搬运、焊接、装配等操作型任务向加工型任务拓展,具备自主移动功能的智能移动机器人正在成为工业机器人研发的重要方向。

8.1 智能机器人

8.1.1 概念及特点

※ 智能机器人

到目前为止,在世界范围内还没有统一的智能机器人定义。1956 年,马文·明斯基对智能机器进行定义:"智能机器能够创建周围环境的抽象模型,一旦遇到问题,便能够从抽象模型中寻找解决方法"。该定义对此后 30 年智能机器人的研究方向产生了重要影响。

在研究和开发作业于未知及不确定环境下的机器人的过程中,人们逐步认识到机器人技术的本质是感知、决策、行动和交互技术的结合,因此将具有感知、思考、决策和动作的技术系统统称为智能机器人。用于工业应用的智能机器人如图 8.1 所示。

(a)智能分拣器人

(b)智能焊接机器人

图 8.1 工业智能机器人

智能机器人的特点具体体现在以下几方面:

(1)自主性。可在特定的环境中,不依赖任何外部控制,无需人为干预,完全自主地执行特定的任务。

（2）适应性。实时识别和测量周围的物体，并根据环境的变化调节自身的参数，调整动作策略，处理紧急情况。

（3）交互性。机器人可以与人、外部环境及与其他机器人进行信息交流。

（4）学习性。机器人在自主感知环境变化的基础上，可形成和进化出新的活动规则，自主独立地活动和处理问题。

（5）协同性。在实时交互的基础上，机器人可根据任务和需求实现机器人相互协作和人机协同。

8.1.2 智能机器人基本要素

多数专家认为智能机器人需具备以下三个要素：一是感知要素，用来认识周围环境状态；二是决策要素，根据感知要素所得信息或自身需要，思考确定采用什么样的动作；三是行动要素，对外界做出反应性或自主性动作。在这三大要素基础上，智能机器人通过感知辅助产生决策，并将决策付诸行动，在复杂的环境下自主完成任务，形成各种智能行为。

1. 感知要素

感知要素包括能感知视觉、接近、距离的非接触型传感器和能感知力、压觉、触觉的接触型传感器，可通过摄像机、图像传感器、超声波传感器、激光器、导电橡胶、压电元件、气动元件、行程开关等机电元器件来实现。

2. 决策要素

决策要素是三个要素中的关键，是机器人必备的要素。决策要素包括判断、逻辑分析、理解等方面的智力活动。这些智力活动实质上是一个信息处理过程，而计算机则是完成这个处理过程的主要手段。

3. 行动要素

对行动要素而言，智能机器人需要有一个无轨道型的移动机构，以适应诸如平地、台阶、墙壁、楼梯、坡道等不同地理环境。它们的功能可借助轮子、履带、支脚、吸盘、气垫等移动机构来完成。在运动过程中要对移动机构进行实时控制，这种控制不仅要包括位置控制，还包括力度控制、位置与力度混合控制、伸缩率控制等。

8.2 智能移动机器人概述

在工业应用场景中，随着机器人易用性、稳定性以及智能水平的不断提升，机器人的应用领域逐渐由搬运、焊接、装配等操作型任务向加工型任务拓展。智能移动机器人既能够完成移动搬运取料的任务，又能够根据需要承担具体工种的加工操作，在工业生产中具有广泛的应用空间。

8.2.1 概念及分类

1. 概念

智能移动机器人是一类能够通过传感器感知环境和自身状态,实现在有障碍物的环境中面向目标自主运动,并完成一定作业功能的智能机器人系统。

智能移动机器人既可以按照人类指令运行,又可以根据程序自动运行。智能移动机器人具备自主移动功能,在代替人类从事危险、恶劣环境下作业和人所不及的(如宇宙空间、水下等)环境作业方面,比一般机器人有更大的机动性、灵活性。

智能移动机器人在工业生产中有广泛的应用。在3C电子、医疗、日化品、机加工等传统制造业的零部件组装环节,智能移动机器人可用于物料搬运、上下料、物料分拣等作业,以满足车间全自动化智能生产需求。

2. 分类

智能移动机器人可以按照不同的标准分类。

根据移动方式来分,可分为轮式移动机器人、履带式移动机器人(图 8.2)、步行移动机器人(图 8.3)、爬行机器人、蠕动式机器人和游动式机器人等类型。

图 8.2 履带式移动机器人

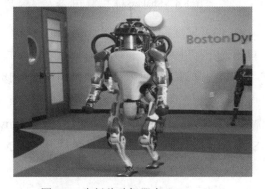
图 8.3 步行移动机器人-Atlas

按工作环境来分,可分为室内移动机器人和室外移动机器人。

按控制体系结构来分,可分为功能式(水平式)结构机器人、行为式(垂直式)结构机器人和混合式机器人。

按功能和用途来分,可分为工业机器人、医疗机器人、军用机器人、助残机器人、清洁机器人等。

8.2.2 发展历程

1. 国外发展概况

(1)概念期。智能移动机器人的研究可以追溯到20世纪60年代。1968年,斯坦福大学研究所成功地研制了自主移动机器人 Shakey,如图 8.4 所示。它能够在复杂环境下实现对象识别、自主推理、路径规划及控制等功能。

1979年，斯坦福大学研究所开发的Stanford Cart自主移动机器人成功地穿过了一个布满障碍物的房间。

（2）萌芽期。1993年，卡内基梅隆大学研制的Dante Ⅰ和Dante Ⅱ步行机器人如图8.5所示，可用于探索活火山。

1997年，美国国家航空航天局将火星车Sojourner送到火星。Sojourner配备了智能避障系统，能够在未知的火星地形上自主移动。

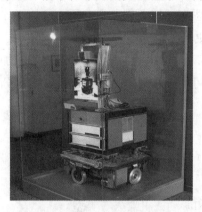

图8.4　Shakey自主移动机器人

图8.5　Dante Ⅱ步行机器人

（3）发展期。2002年，iRobot公司推出了吸尘器机器人Roomba，它能避开障碍，自动设计行进路线，还能在电量不足时，自动驶向充电座。

2014年，Fetch机器人公司推出的智能移动机器人具有7自由度手臂和局部视觉系统，可实现在货架间移动取货，如图8.6所示。

2016年，KUKA公司推出了KMR iiwa系列机器人，其采用了库卡协作机器人加Swisslog移动底盘的结构，具备激光SLAM导航功能，可实现一体化控制，如图8.7所示。

图8.6　Fetch智能移动机器人

图8.7　KUKA iiwa智能移动机器人

2. 国内发展概况

我国移动机器人是从"八五"期间开始这方面研究的。同世界主要机器人大国相比，尽管我国在移动机器人方面的研究起步比较晚，但是发展却很迅速，如新松、大族、海通等都相继推出了自己的智能移动机器人。

2015 年，新松公司首次推出智能移动机器人，其在结构上包括两个部分，即智能移动平台和机器人，可实现无人自动上下料，如图 8.8 所示。

大族机器人公司推出的智能移动机器人，采用激光 SLAM 和磁带混合导航，外加视觉系统和大族力控夹具，如图 8.9 所示。

图 8.8 新松智能移动机器人

图 8.9 大族智能移动机器人

青岛海通公司推出的智能移动机器人采用了智能移动平台加 SCARA 工业机器人的结构，加载了自主研发的控制导航系统、视觉定位及识别系统，如图 8.10 所示。

哈工海渡自主开发的智能移动机器人采用了智能移动平台加 SCARA 协作机器人的结构，具有移动导航、激光/视觉 SLAM 同步定位与建图、路径规划、避障等功能，如图 8.11 所示。

图 8.10 海通智能移动机器人

图 8.11 哈工海渡智能移动机器人

8.2.3 结构组成

在工业生产应用中，智能移动机器人的常见结构为智能移动平台加工业机器人，如图 8.12 所示。

智能移动平台，又称为 AGV（Automated Guided Vehicle）或自动导引运输车，实现了机器人的移动，类似于人腿脚的行走功能；通用工业机器人又被称为机械臂或者机械手，主要是替代人胳膊的抓取功能。智能移动机器人手脚并用，将两种功能组合在一起。

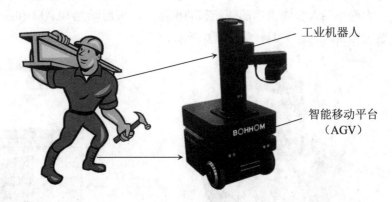

图 8.12 智能移动机器人的结构组成

随着工厂内部制造复杂程度的日益上升，对于自动化设备柔性化的需求也更加迫切，相比于 AGV 和机械臂的单一功能，集合了两者特性的智能移动机器人显然更具柔性化。在实际应用中，智能移动机器人可实现搬运、上下料等基本功能，以及不同工艺装备、夹具的快速切换和物料的智能分拣。与单一的 AGV 相比，智能移动机器人还可以采用机器人视觉定位技术进行二次定位，定位精度较高。

8.3 智能移动平台

8.3.1 概念及特点

1. 概念

※ 智能移动平台

智能移动平台 AGV 是 Automated Guided Vehicle 的缩写，意即"自动导引运输车"。AGV 是装备有电磁或光学等自动导引装置，能够沿规定的导引路径行驶，具有安全保护以及各种移载功能的运输车，如图 8.13 所示。

最早的无人搬运车运用在汽车行业中，1913 年美国福特汽车公司将自动搬运车用到汽车底盘装配上，当时的无人搬运车是有轨道导引的（现在称为 RGV，即 Rail Guided Vehicle）。自 20 世纪 60 年代起，随着计算机技术的进步，AGV 得到迅速发展，AGV 的使用数量和 AGV 的生产厂家数量都有了大幅的增长。

　　　（a）HRG AGV

　　　（b）博众 AGV

图 8.13　智能移动平台 AGV

国内的 AGV 研究起步较晚，1976 年北京起重机械研究所研制了我国第一台 AGV。1988 年，原邮电部北京邮政科学技术研究所研制了邮政枢纽 AGV。1991 年起，中科院沈阳自动化研究所／新松机器人自动化股份有限公司研制了客车装配 AGV 系统。1992 年，天津理工学院研制了核电站用光学导引 AGV。

目前，AGV 已经成熟渗透到电商快递仓储分拣、汽车、医药、食品、化工、印刷、3C 电子、邮局、图书馆、港口码头和机场、危险场所、特种行业以及各类型的制造业当中。

2. 特点

AGV 以轮式移动为主要特征，较之步行、爬行或其他非轮式的移动机器人具有行动快捷、工作效率高、结构简单、可控性强、安全性好等优势。与物料输送中常用的其他设备相比，AGV 的活动区域无需铺设轨道、支座架等固定装置，不受场地、道路和空间的限制。因此，在自动化物流系统中，最能充分地体现其自动性和柔性，可实现高效、经济、灵活的自动化生产。

AGV 的主要特点如下：

（1）高度自动化。AGV 一般由计算机、电控设备、激光反射板等控制，自动化程度高。当车间某一环节需要辅料时，由工作人员向计算机终端输入相关信息，计算机终端再将信息发送到 AGV，AGV 接受并执行指令——将辅料送至相应地点。

（2）充电便捷。当 AGV 小车的电量即将耗尽时，它会向系统发出请求指令，请求充电，在系统允许后自动到充电的地方"排队"充电。

（3）移动方便。AGV 小车的体积一般不大，可以在各个生产车间之间方便地移动。

8.3.2　控制系统组成

AGV 控制系统通常包括地面控制系统和车载控制系统两部分（图 8.14）。通常，由地面控制系统发出控制指令，经通信系统输入车载控制系统来控制 AGV 运行。

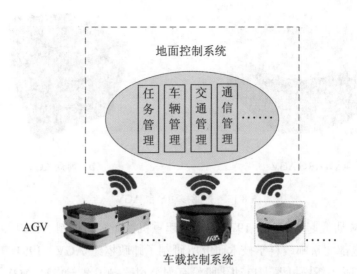

图 8.14　AGV 控制系统组成

AGV 地面控制系统是 AGV 系统的核心。其主要功能是对 AGV 系统（AGVS）中的多台 AGV 单机进行任务管理、车辆管理、交通管理、通信管理等。

（1）任务管理。

任务管理提供根据任务优先级和启动时间的调度运行，提供对任务的各种操作，如启动、停止、取消等。

（2）车辆管理。

车辆管理是 AGV 管理的核心模块，它根据物料搬运任务的请求，分配调度 AGV 执行任务，根据 AGV 行走时间最短原则，计算 AGV 的最短行走路径，并控制指挥 AGV 的行走过程，及时下达装卸货和充电命令。

（3）交通管理。

交通管理根据 AGV 的物理尺寸大小、运行状态和路径状况，提供 AGV 互相自动避让的措施，同时避免车辆互相等待、发生死锁的情况。

（4）通信管理。

通信管理提供 AGV 地面控制系统与 AGV 单机、地面监控系统、地面 IO 设备、车辆仿真系统及上位计算机的通信功能。

AGV 车载控制系统，即 AGV 单机控制系统，在收到上位系统的指令后，负责 AGV 单机的导航、导引、路径选择、车辆驱动等功能。

（1）导航。AGV 单机通过自身装备的导航器件测量并计算出所在全局坐标系中的位置和航向。

（2）导引。AGV 单机根据当前的位置、航向及预先设定的理论轨迹来计算下个周期的速度值和转向角度值，即 AGV 运动的命令值。

（3）路径选择。AGV 单机根据地面控制系统的指令，通过计算，预先选择即将运行的路径，并将结果报送地面控制系统，能否运行由地面控制系统根据其他 AGV 所在的位置统一调配。

（4）车辆驱动。AGV 单机根据导引的计算结果和路径选择信息，通过伺服器件控制车辆运行。

8.3.3 导航导引技术

导航导引技术是 AGV 的核心技术之一。它是指移动机器人通过传感器感知环境信息和自身状态，实现在有障碍的环境中面向目标的自主运动。目前，移动机器人主要的导航导引方式包括电磁导引、磁带导引、色带导引、二维码导引、惯性导航、GPS 导航、激光导航、自然导航、视觉导航等，如图 8.15 所示。

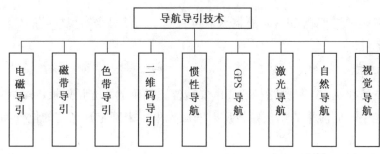

图 8.15 导航导引技术

1. 电磁导引

电磁导引是比较传统的导引方式，实现形式是在自动导引车的行驶路径上埋设金属线，并在金属线上加载低频、低压电流，产生磁场，通过车载电磁传感器对导引磁场强弱的识别和跟踪实现导引，如图 8.16 所示。

2. 磁带导引

磁带导引与电磁导引原理较为相近，也是在自动导引车的行驶路径上铺设磁带，通过车载电磁传感器对磁场信号的识别来实现导引，如图 8.17 所示。

图 8.16 电磁导引示例

图 8.17 磁带导引示例

3. 色带导引

色带导引是在自动导引车的行驶路径上设置光学标志（粘贴色带或涂漆），通过车载的光学传感器对采集的图像信号进行识别来实现导引的方法，如图 8.18 所示。

4. 二维码导引

二维码导引的原理是自动导引小车通过摄像头扫描地面 QR 二维码，通过解析二维码信息获取当前的位置信息。二维码导引通常与惯性导航相结合，实现精准定位。

5. 惯性导航

惯性导航是使用陀螺仪和加速度计分别测量移动机器人的方位角和加速率，从而确定当前的位置，根据已知地图路线，来控制移动机器人的运动方向以实现自主导航。

6. GPS 导航

GPS 导航是通过车载 GPS 传感器获取位置和航向信息来实现导航的方法，适合室外全局导航与定位。

7. 激光导航

激光导航是在 AGV 行驶路径的周围安装位置精确的激光反射板，AGV 通过激光扫描器发射激光束，同时采集由反射板反射的激光束，来确定其当前的位置和航向，如图 8.19 所示。

图 8.18 色带示例

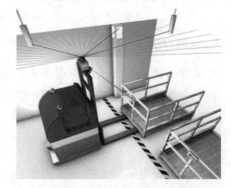
图 8.19 激光导航示例

8. 自然导航

自然导航是激光导航的一种，也是通过激光传感器感知周围环境，不同的是激光导航（反射板）的定位标志为反射板或反光柱，而自然导航的定位标志物可以为工作环境中的墙面等物体，不需要依赖反射板。相比于传统的激光导航，自然导航的施工成本与周期都较低。

自然导航可构建局部地图，并与其内部事先存储的完整地图进行匹配，以确定自身位置，如图 8.20 所示。构建好地图后，AGV 根据预先规划的一条全局路线，采用路径跟踪和避障技术，可实现自主导航。

 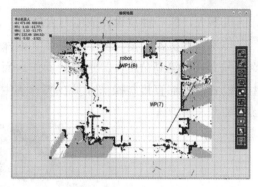

（a）AGV 小车实际场景　　　　　　　　（b）AGV 构建的场景地图

图 8.20　自然导航地图构建

9. 视觉导航

视觉导航主要是通过摄像头对障碍物和路标信息进行拍摄，获取图像信息，然后对图像信息进行探测和识别以实现导航。

AGV 各种导航方式的比较见表 8.1。

表 8.1　AGV 各种导航方式的比较

导航导引方式	单机成本	地面施工规模	维护成本	抗磁性	灵活性	技术成熟度
电磁导引	低	大	较低	否	最弱	成熟
磁带导引	低	大	较高	否	弱	成熟
色带导引	低	较大	较高	是	弱	成熟
二维码导引	低	较大	较高	否	弱	成熟
惯性导航	低	小	低	是	弱	成熟
GPS 导航	低	小	低	否	强	成熟
激光导航	高	较小	低	是	强	成熟
自然导航	高	小	低	是	强	成熟
视觉导航	较低	小	低	是	强	一般

8.4　协作机器人

智能移动机器人包括两个组成部分，即智能移动平台和机器人。传统的工业机器人必须远离人类，在保护围栏或者其他屏障之后，以避免人类受到伤害。而智能移动机器人需要能够在一定范围内灵活移动，并与人类共同合作来完成工作，因此，智能移动机器人的机器人部分通常采用能够与人类近距离互动的协作机器人。

※　协作机器人

8.4.1　概念及特点

协作机器人（Collaborative Robot，简称 Cobot 或 Co-robot），是为与人直接交互而设

计的机器人,即一种被设计成能与人类在共同工作空间中进行近距离互动的机器人。

传统工业机器人是在安全围栏或其他保护措施之下,完成诸如焊接、喷涂、搬运码垛、抛光打磨等高精度、高速度的操作。而协作机器人打破了传统的全手动和全自动的生产模式,能够直接与操作人员在同一条生产线上工作,却不需要使用安全围栏与人隔离,如图 8.21 所示。

图 8.21　协作机器人在没有防护围栏环境下工作

协作机器人的主要特点有:

(1) 轻量化。使机器人更易于控制,提高安全性。

(2) 友好性。保证机器人的表面和关节是光滑且平整的,无尖锐的转角或者易夹伤操作人员的缝隙。

(3) 部署灵活。机身能够缩小到可放置在工作台上的尺寸,可安装于任何地方。

(4) 感知能力。感知周围的环境,并根据环境的变化改变自身的动作行为。

(5) 人机协作。具有敏感的力反馈特性,当达到已设定的力时会立即停止,在风险评估后可不需要安装保护栏,使人和机器人能协同工作。

(6) 编程方便。对于一些普通操作者和非技术背景的人员来说,都非常容易进行编程与调试。

(7) 使用成本低。基本上不需要维护保养的成本投入,机器人本体功耗较低。

协作机器人与传统工业机器人的特点对比见表 8.2。

表 8.2　人机协作机器人与传统工业机器人的特点对比

	协作机器人	传统工业机器人
目标市场	中小企业、适应柔性化生产要求的企业	大规模生产企业
生产模式	个性化、中小批量的小型生产线或人机混线的半自动场合	单一品种、大批量、周期性强、高节拍的全自动生产线
工业环境	可移动并可与人协作	固定安装且与人隔离
操作环境	编程简单直观、可拖动示教	专业人员编程、机器示教再现
常用领域	精密装配、检测、抛光打磨等	焊接、喷涂、搬运码垛等

协作机器人只是整个工业机器人产业链中一个非常重要的细分类别，有其独特的优势，但缺点也很明显：

（1）速度慢。为了控制力和碰撞，协作机器人的运行速度比较慢，通常只有传统机器人的 1/3 到 1/2。

（2）精度低。为了减少机器人运动时的动能，协作机器人一般重量比较轻，结构相对简单，这就造成整个机器人的刚性不足，定位精度相比传统机器人差 1 个数量级。

（3）负载小。低自重、低能量的要求，导致协作机器人体型都很小，负载一般在 10 kg 以下，工作范围只与人的手臂相当，很多场合无法使用。

8.4.2 行业应用

随着工业的发展，多品种、小批量、定制化的工业生产方式成为趋势，对产线的柔性提出了更高的要求。在自动化程度较高的行业，基本的模式为人与专机相互配合，机器人主要完成识别、判断、上下料、插拔、打磨、喷涂、点胶、焊接等需要一定智能但又枯燥、单调、重复的工作，人成为进一步提升品质和提高效率的瓶颈。协作机器人由于具有良好的安全性和一定的智能性，可以很好地替代操作工人，形成"协作机器人加专机"的生产模式，从而实现工位自动化。

由于协作机器人固有的安全性，如力反馈和碰撞检测等功能，人与协作机器人并肩合作的安全性将得以保证，因此被广泛应用在汽车零部件、3C 电子、金属机械、五金卫浴、食品饮料、注塑化工、医疗制药、物流仓储、科研、服务等行业。

1. 汽车行业

工业机器人已在汽车和运输设备制造业中应用多年，主要在防护栏后面执行喷漆和焊接操作。而协作机器人则更"喜欢"在车间内与人类一起工作，能为汽车应用中的诸多生产阶段增加价值，例如拾取部件并将部件放置到生产线或夹具上、压装塑料部件以及操控检查站等，可用于螺钉固定、装配组装、帖标签、机床上下料、物料检测、抛光打磨等环节，如图 8.22 所示。

2. 3C 行业

3C 行业具有元件精密和生产线更换频繁两大特点，一直以来都面临着自动化效率方面的挑战，而协作机器人擅长在上述环境中工作，可用于金属锻造、检测、组装以及研磨工作站中，实现许多电子部件制造任务的自动化处理所需要的软接触和高灵活性，如图 8.23 所示。

图 8.22 汽车行业应用

图 8.23 3C 行业应用

3. 食品行业

食品行业很容易受到季节性活动的影响，高峰期间劳动力频繁增减十分常见，而这段时间内往往很难雇到合适的人手，得益于协作机器人使用的灵活性，协作机器人有助于满足食品行业三班倒和季节性劳动力供应的需求，并可用于多条不同的生产线，例如包装箱体、装卸生产线、协助检查等，如图 8.24 所示。

4. 塑料行业

塑料设备的部件和材料普遍较轻，此行业非常适合使用协作机器人。在塑料行业，协作机器人可以装卸注塑机，配套塑料家具组件，将成品部件包装到吸塑包装或密封容器内，如图 8.25 所示。

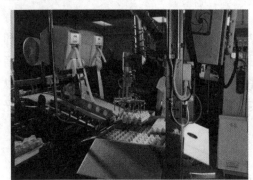
图 8.24 食品行业应用

图 8.25 塑料行业应用

5. 金属加工行业

金属加工环境是人类最具挑战性的环境之一，酷热、巨大的噪音和难闻的气味司空见惯。该行业中一些最艰巨的工作最适合协作机器人。无论是操控折弯机和其他机器，装卸生产线和固定装置，抑或是处理原材料和成品部件，协作机器人都能够在金属加工领域大展身手，如图 8.26 所示。

6. 医疗行业

协作机器人可在制药与生命科学领域执行多种工作任务，从医疗器械和植入物包装，到协助手术的进行均可使用协作机器人来完成。协作机器人的机械手臂可用于混合、计数、分配和检查，从而为行业关键产品提供一致的结果。它们也可用于无菌处理，以及假肢、植入物和医疗设备的小型、易碎部件的组装中。图 8.27 所示为协作机器人进行血液分析的作业。

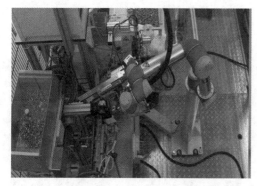
图 8.26 金属加工行业应用

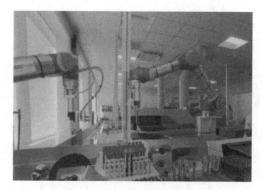
图 8.27 医疗行业应用

小　结

具有感知、思考、决策和动作的技术系统统称为智能机器人。智能移动机器人既能够完成移动搬运取料的任务，又能够根据需要承担具体工种的加工操作，在工业生产中具有广泛的应用空间。本章介绍了智能机器人的概念，重点介绍了智能移动机器人的概念，包括定义、分类、发展历程和结构组成。然后对智能移动机器人的两个组成部分，即智能移动平台和协作机器人，进行了分别介绍。通过本章的学习，读者能够对智能移动机器人有一个全面的概要了解。

思考题

1. 智能机器人是指什么？
2. 智能机器人的基本要素是什么？
3. 智能移动机器人是指什么？
4. 按照移动方式，智能移动机器人分为哪几类？
5. 智能移动机器人在结构上包括哪几个组成部分？
6. 智能移动平台是指什么？
7. 智能移动平台的控制系统由哪几个部分组成？

8. AGV 车载控制系统有哪些功能？
9. 请列举 5 个以上的导航导引技术。
10. 协作机器人是指什么？
11. 协作机器人具有哪些特点？
12. 请举一个例子介绍协作机器人的行业应用。

第三部分 工业互联网综合应用

第 9 章 工业互联网综合应用项目

9.1 项目目的

9.1.1 项目背景

※ 工业互联网综合应用项目

随着我国经济的高速发展和产业升级的不断进行，现代工业机器人在柔性加工等生产中的应用越来越广泛。生产线上机器人的稳定可靠运行对企业生产的稳定及经济效益的保证意义重大。目前的工业机器人系统中对生产线的监测和管理一般仅限于车间控制层面。工业机器人的状态信息、报警信息需要在现场才能得到，信息之间的传递需要通过邮件、电话、报表等传统的方式，这使得企业在管理上缺乏效率、容易出错。另一方面，工业机器人设计复杂、结构精密，传统的售后维护工作主要依靠服务工程师现场完成，这种维护方式的成本较高、效率较低。

随着计算机技术、网络技术的发展与进步、公共通信网络平台的普及和提高，特别是工业互联网技术的推广应用，建立基于工业互联网的机器人在线监控、诊断、服务系统，能够解决目前企业在使用机器人过程中遇到的问题。一方面，机器人用户企业可以降低机器人的平均故障时间，提高企业生产率。另一方面，机器人服务商可以大幅降低机器人的现场服务次数和后期维护成本，提高服务商效益。同时，系统的自动诊断和分析功能还可以最大程度上预判用户企业机器人可能存在的潜在故障，降低故障发生率。工业互联网技术与机器人技术综合应用，如图 9.1 所示。

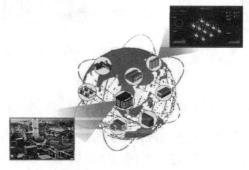

图 9.1 工业互联网技术与机器人技术综合应用

9.1.2 项目目的

针对工业机器人在企业生产中的使用现状，本项目将开发一个基于工业互联网的工业机器人云监测与维护系统。该系统利用物联网技术对工业机器人的工作状态数据进行采集，并将采集到的数据通过工业智能网关接入工业互联网平台，通过平台的应用功能模块实现工业机器人的实时在线监测和智能维护。项目具体目的如下：

（1）掌握机器人工作数据采集的知识。

（2）了解工业智能网关的使用方法。

（3）了解工业机器人云平台应用功能模块开发的方法。

9.2 项目分析

9.2.1 项目架构

工业机器人云监控与维护项目总体架构分为数据资源层、边缘层、平台层和应用层，如图9.2所示。

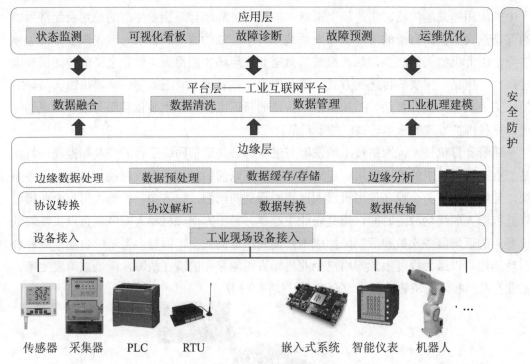

图 9.2 项目功能架构

1. 数据资源层

数据资源层主要包括各类工业数据源，如各类传感器、数据采集器、PLC 控制器、RTU 控制器、嵌入式系统、智能仪表、工业机器人等。

2. 边缘层

边缘层基于工业以太网、工业总线等通信协议，4G 网络、NB-IoT 等无线通信协议将工业机器人设备接入网络；通过工业智能网关进行加工参数、设备状态、故障分析与预警等实时数据的采集，内部集成了多种采集协议，兼容 ModBus、OPC、CAN、Profibus 等各类工业通信协议和软件通信接口，能够实现数据格式转换和统一，另一方面基于网关的内置高性能芯片与处理系统，能够将数据从边缘侧传输到云端，实现数据的远程接入。

3. 平台层

工业互联网平台专注于工业设备数据挖掘、分析和应用。平台支持设备数据融合、数据清洗、数据管理、工业机理建模等各种数据分析和高级业务实现。

4. 应用层

应用层基于工业机器人云监控与维护项目的系统需求，建立生产数据采集与分析应用系统及工业机器人智能管理 APP 微应用，实现端到端的数据集成与应用。

（1）状态监测，提供机器人运行的在线实时监测功能，检测机器人运行的状态数据、预警和报警数据等。

（2）可视化看板，建立机器人运行状态看板，实时展示各机器人设备产能达成情况；构建移动端领导驾驶舱，随时随地查询展示机器人设备状态及生产数据。

（3）故障诊断，系统可以根据实时监测的机器人数据（包括故障预警和报警等数据），及时发现当前可能的故障类型并查找故障处置方式。

（4）故障预测，系统除了需要实时显示报警信息外，还应具备故障预测功能。通过对机器人主要故障发生机理的研究，建立相应的故障演变模型，并通过长期的数据监测和累积的故障案例，建立机器人故障预测的机制和算法。

（5）运维优化，系统通过对工业机器人运维团队的操作管理信息进行记录，如操作日志、操作统计、调试维修维护记录等，并对信息进行大数据分析，提供操作运维的优化反馈建议。

9.2.2 项目流程

围绕工业机器人云监控与维护项目的项目目标，该项目可按照以下流程实施，如图 9.3 所示。

1. 设备联网与数据采集

设备联网与数据采集是指应用工业机器人数据采集技术，基于车间级工业网络，根据不同的设备接口与通信协议设计数据采集方案，实现设备级的联网与数据采集。

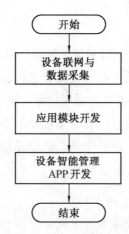

图 9.3　工业机器人云监控与维护项目的项目实施流程

2. 应用模块开发

基于采集到的设备状态信息、故障信息、预警和报警等设备生产运行数据，搭建状态监测、可视化看板、故障诊断、故障预警、运维优化等多个功能模块与应用，实现对采集数据的综合应用，实现设备生产信息的全方位监控与智能分析，建立车间级的机器人数字化管理平台。

3. 设备智能管理 APP 开发

结合机器人设备的采集数据，开发设备智能管理 APP 微应用，随时随地掌握设备生产及状态信息。

9.3　项目要点

9.3.1　工业数据采集技术基础

工业数据采集体系架构包括设备接入、协议转换、边缘数据处理三层，向下接入设备或智能产品，向上与工业互联网平台/工业应用系统对接，如图 9.4 所示。

1. 设备接入

设备接入通过工业以太网、工业光纤网络、工业总线、3G/4G、NB-IoT 等各类有线和无线通信技术，接入各种工业现场设备、智能产品/装备，采集工业数据。

2. 协议转换

协议转换一方面运用协议解析与转换、中间件等技术兼容 Modbus、CAN、Profinet 等各类工业通信协议，实现数据格式转换和统一。另一方面利用 HTTP、MQTT 等方式将采集到的数据传输到云端数据应用分析系统或数据汇聚平台。

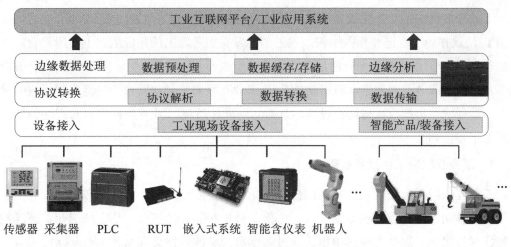

图 9.4　工业大数据采集体系架构

3. 边缘数据处理

边缘数据处理基于高性能计算、实时操作系统、边缘分析算法等技术支撑，在靠近设备或数据源头的网络边缘侧进行数据预处理、存储及智能分析应用，提升操作响应灵敏度，消除网络堵塞，并与云端数据分析形成协同。

9.3.2　工业智能网关技术基础

目前，工厂在网络互联方面存在着一个巨大挑战，即不同制造商生产的机器设备及不同技术水平的生产设备通常采用不同的数据语言。针对这个挑战，一个可行的方案是利用工业智能网关完成不同数据源间的通信协调和分析，再将通信内容转发给相应接收者。

工业智能网关是能够挖掘工业设备数据并接入工业互联网平台中的智能嵌入式网络设备，如图 9.5 所示。它具备数据采集、协议解析、边缘计算、4G/3G/WiFi/Ehternet 数据传输和接入 MQTT 云平台等功能。工业智能网关支持采集 PLC、传感器、仪器仪表和各种控制器的网关，适合作为大规模分布式设备的接入节点。

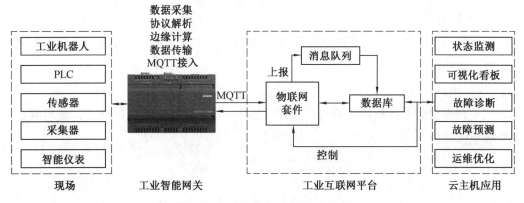

图 9.5　工业智能网关的开发方式

工业智能网关主动采集设备数据，并进行协议解析，解析后数据经过标准化后，用 MQTT 协议作为上行链路接入协议，通过消息发布服务器上的相应主题上，用户自主开发的软件系统/工业互联网平台通过订阅该消息主题而获取数据。当软件系统/云平台要向设备发送指令或者写入数据，应用软件系统/工业互联网平台就发布一条消息到相应的网关上，然后网关再把数据传送给设备，从而实现软件系统/工业互联网平台和现场设备的数据上报和控制。

9.3.3 工业互联网平台技术基础

工业互联网平台是工业互联网的核心，是连接设备、软件、工厂、产品、人等工业全要素的枢纽，是海量工业数据采集、汇聚、分析和服务的载体，是支撑工业资源泛在连接、弹性供给、高效配置的中枢。从设备侧所采集的数据会存储到工业互联网平台，平台除了存储功能之外，核心功能是封装了多种工业技术、管理技术、机器学习、数理统计的算法，实现机理建模，能够对历史数据、实时数据、时序数据进行聚类、关联和预测分析。

工业机器人云监控与维护项目采用阿里云物联网 IoT 开发服务套件，是阿里云针对物联网场景提供的生产力工具，可覆盖各个物联网行业核心应用场景，帮助开发者完成设备、服务及应用开发。物联网开发服务提供了移动可视化开发、Web 可视化开发、服务开发与设备开发等一系列便捷的物联网开发工具，解决物联网开发领域开发链路长、技术复杂、协同成本高、方案移植困难的问题。

工业互联网平台功能包括 Web 可视化开发、移动可视化开发、服务开发和项目管理。

（1）Web 可视化开发。

该平台通过可视化拖拽的方式，可方便地将各种图表组件与设备相关的数据源关联，无需编程，即可将物联网平台上接入的设备数据可视化展现。

（2）移动可视化开发。

该平台提供"可视化搭建"、"SDK 集成开发"两种方式开发 Android、iOS 客户端。

（3）服务开发。

该平台通过可视化的方式提供服务 API 的开发、构建、调试、托管、鉴权的配套服务和能力组件。

（4）项目管理。

该平台提供面向行业场景的项目管理、协作、权限、资源管理的能力，使得解决方案集成更加便捷。

9.4 项目步骤

9.4.1 应用系统连接

工业机器人云监测与维护系统的硬件如图 9.6 所示,该系统主要由两部分组成:工业机器人实训台和工业互联网智能网关实验台。

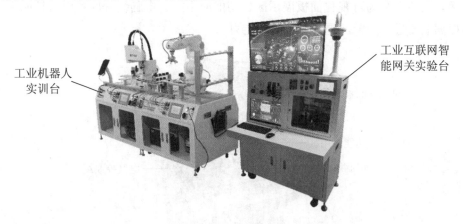

图 9.6 工业机器人云监测与维护系统硬件组成

1. 工业机器人实训台

工业机器人实训台采用模块化教学设计,具有兼容性、通用性和易扩展性等特点。本实训台可以搭载各类机器人和各种通用实训模块,兼容工业领域各类应用,对于不同的要求可以搭载不同的配置,易扩展,方便后期搭载更高配置。此外还配置有主控接线板、触摸屏、PLC 控制器等。实训台涵盖了各种工业现场应用:模拟激光雕刻轨迹实训项目、搬运实训项目、模拟激光焊接轨迹实训项目、物料装配实训项目和输送带搬运实训项目等,如图 9.7 所示。

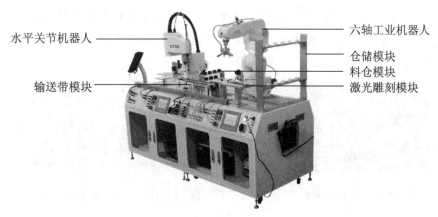

图 9.7 工业机器人实训台

2. 工业互联网智能网关实验台

工业互联网智能网关实验台以工业智能网关为核心,结合 PLC、伺服系统、RFID、智能仪表等自动化设备,实现工业数据采集、边缘计算、云服务开发、远程访问等实验教学,如图 9.8 所示。通过该系统,学生可以掌握工业互联网应用开发流程。

本实验台机构设计紧凑,系统完全开放,程序完全开源,使教学、实验过程更加容易上手。实验台分为可视化面板展示区、功能应用区、电脑编程区和电气控制区,学生能够根据需要进行配置,提升综合应用能力。

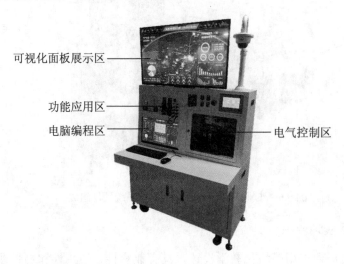

图 9.8　工业互联网智能网关实验台

(1) 工业智能网关。

本实验台采用西门子智能网关作为数据采集单元,可对接国内外主流云平台,实现 PLC、智能传感器、云平台之间的数据交互与边缘处理,如图 9.9 所示。

(2) 电气编程平台。

系统采用 S7-1214C 型号的 PLC 控制器,作为系统的总控制器,协调控制工业机器人及周边设备的运行,如图 9.10 所示。该控制器具有通用开放的编程软件,学生可以自主进行 PLC 的程序设计。

图 9.9　西门子物联网关　　图 9.10　S7-1214C 型号的 PLC 控制器

系统采用西门子 KTP700PN 7 英寸高清工业触摸屏,进行控制和人机交互,如图 9.11 所示。触摸屏自带 PN 以太网接口,可以方便地与 S7-1200 PLC 进行 ProfiNet 通信。

系统搭载 PROFINET 一体式总线模块，如图 9.12 所示，学生通过该模块可以学习工业现场总线及远程 I/O 应用。

图 9.11　西门子 KTP700PN 7 英寸工业触摸屏　　　图 9.12　PROFINET 一体式总线模块

实验台配置高性能台式计算机，并安装配套的编程调试软件，集成化程度高，方便教学过程的使用，充分满足实训台的教学需求和课程覆盖面。

3. 应用系统连接

工业机器人云监测与维护系统的连接如图 9.13 所示。

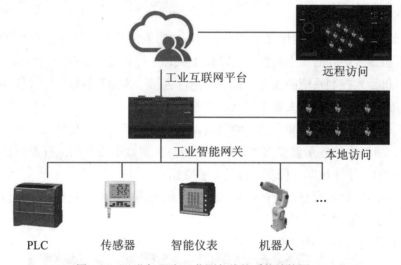

图 9.13　工业机器人云监测与维护系统连接图

9.4.2　设备数据采集

设备数据采集是指应用工业机器人数据采集技术，基于车间级工业网络，根据不同的设备接口与通信协议设计数据采集方案，实现设备级的联网与数据采集。

将机器人设备通过交换机进行局域组网，利用工业智能网关与组网设备进行链接，通过内置协议与机器人控制器进行通信，清洗需求数据，利用网络传至本地服务器，如图 9.14 所示。

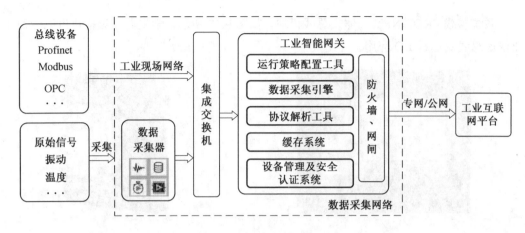

图 9.14　数据采集网络架构

9.4.3　应用模块开发

工业机器人云监测与维护系统主要包含状态检测、可视化看板、故障诊断、故障预警、运维优化五大功能模块，主要是对采集到的设备状态信息、故障信息、生产产能信息、品质信息等进行分析与应用。

1. 状态监测模块

状态监测模块提供在线运行机器人的远程实时监测功能，需要监控的数据包括：

（1）机器人运行的状态数据：启动停止状态、运行模式、配套系统状态；

（2）机器人控制系统的预警和报警数据，包括：各轴的运行异常（位置异常、转矩异常、温度异常等）、机器人姿态异常、配套系统异常；

（3）机器人故障分析和故障预测的关键数据，包括：各轴的转角、各轴的转矩、各轴的温度、机器人的各示教姿态（各轴的示教点位置数据组）的运行监测数据、机器人正常运行时的平稳性数据（振动、抖动）等数据；

（4）现场实时视频监控数据：生产线的每组机器人需配置视频监控摄像头，用于远程调测、诊断、维护等工作。

状态监测模块界面如图 9.15 所示。

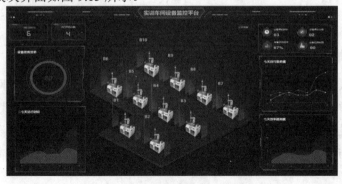

图 9.15　状态监测界面示例

2. 可视化看板模块

建立机器人运行状态看板,实时展示各机器人设备产能达成情况;构建移动端领导驾驶舱,随时随地查询、展示机器人设备状态及生产数据,如图9.16所示。

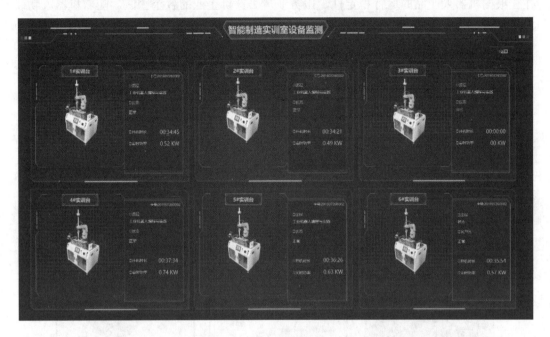

图 9.16　可视化看板界面示例

3. 故障诊断模块

故障诊断模块可以根据实时监测的机器人数据(包括故障预警报警等数据),及时发现当前可能的故障类型并查找故障处置方式。

系统还可以通过在线监测的历史数据、状态数据分析发现潜在问题,为机器人使用单位提供维护建议提示。同时,服务工程师能够根据在线监测数据的分析,远程优化调整运行参数。

4. 故障预警模块

故障预警和报警功能除了需要实时显示报警信息外,还应具备故障预警功能。机器人的故障发生往往伴随着内在运行参数的演变过程。除了偶发故障外,机器人的故障都伴随着关键运行参数而逐步变化。通过对机器人主要故障发生机理的研究,建立相应的故障演变模型,并通过长期的数据监测和累积的故障案例,可以建立机器人故障预测的机制和算法,进而编写故障预警软件实现对在线运行机器人的故障预警。

基于存储在大数据存储与分析平台中的数据,通过工业机器人使用数据、工况数据、主机及配件性能数据、配件更换数据等设备与服务数据,可进行设备故障、服务、配件需求的预测，为主动服务提供技术支撑，延长工业机器人设备使用寿命，降低故障率。

5. 运维优化模块

机器人的设计、生产、安装调试、维护服务往往涉及生产企业的不同团队。企业也往往根据机器人产品的运行稳定性、服务质量去评价企业的各个团队。随着机器人物联网远程监控诊断服务系统的建立，新的服务平台为企业的设计、生产、安装调试、维护服务团队提供了新的工作手段。机器人物联网远程监控诊断服务系统需要各个团队的介入进行管理——操作授权、操作日志、操作统计、调试维修维护记录的生成。隶属于各职能团队、责任人的现场运行机器人的运行参数统计包括无故障运行时间、故障时间、故障次数、远程维护调测次数统计。

9.4.4 智能管理 APP 开发

结合机器人设备的采集数据，开发设备智能管理 APP，随时随地掌握设备生产及状态信息，如图 9.17 所示。

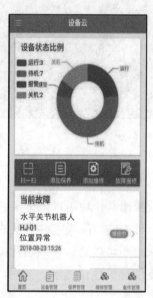

图 9.17 智能管理 APP 微应用界面示例

9.5 项目总结

9.5.1 项目评价

本章介绍了一个基于工业互联网的机器人云监测与维护系统，该系统利用物联网技术对工业机器人的运行状态数据、控制系统预警和报警数据，以及各传感器的数据进行采集，并将采集到的数据通过工业智能网关接入工业互联网平台。系统通过平台上的应用模块实现工业机器人的实时在线监测和智能维护,具体功能包括:状态监测、可视化看板、故障诊断、故障预测和运维优化等。

该系统可以帮助机器人用户企业降低机器人的平均故障时间,提高企业生产率,也可以帮助机器人服务商大幅降低机器人的现场服务次数和后期维护成本,提高服务商效益。同时,系统的自动诊断和分析功能还可以预判机器人的潜在故障,降低故障发生率。

9.5.2 项目拓展

目前,国产工业机器人的监测服务与故障处理应用系统还不普及,工业机器人的监测方法主要依靠机器人单机自主报警及服务工程师现场分析维护。国产工业机器人的故障处理方式主要为示教器显示错误代码,提醒维护人员配合处理相应故障,此种方法对维护人员专业技能要求较高,且多数情况下机器人错误代码不能准确反映故障问题根源,仍需要专业工程师现场分析维护。为了提升国产工业机器人的监测与维护水平,可通过工业互联网技术建立工业机器人行业的大数据平台,以及工业机器人加工制造在线运维监控中心,提升设备利用率,降低设备故障率,实现机器人加工资源和信息资源的最大化利用。

小　结

本章介绍了一个工业互联网综合应用项目——基于工业互联网的工业机器人云监测与维护系统,该系统可实现工业机器人在线状态检测、可视化看板、故障诊断、故障预警、运维优化五大功能。本章围绕项目目的、项目分析、项目要点、项目步骤和项目总结,对该项目的原理和实现进行了详细的阐述,使读者了解工业互联网在机器人领域的综合应用方法。

思考题

1. 建立基于工业互联网的机器人在线监控、诊断、服务系统能够解决什么问题?
2. 工业机器人云监控与监护项目包括哪些内容?
3. 本项目的功能架构包括哪几个层次?
4. 本项目功能架构中的边缘层的功能是什么?
5. 工业数据采集体系架构包括哪几个层次?
6. 工业智能网关的功能是什么?
7. 可接入工业智能网关的设备包括哪些?
8. 本项目的硬件系统由哪几个部分组成?
9. 本项目开发的应用模块包括哪些?

参考文献

[1] 夏志杰. 工业互联网：体系与技术[M]. 北京：机械工业出版社，2018.

[2] 魏毅寅，柴旭东. 工业互联网：技术与实践[M]. 北京：电子工业出版社，2017.

[3] 美国通用电气公司（GE）. 工业互联网：打破智慧与机器的边界[M]. 北京：机械工业出版社，2015.

[4] 腾讯研究院. 互联网+制造：迈向中国制造2025[M]. 北京：电子工业出版社，2017.

[5] 工业互联网产业联盟. 工业互联网体系架构（1.0版）[R]. 工业互联网产业联盟，2016.

[6] 工业互联网产业联盟. 工业互联网平台白皮书（2017）[R]. 工业互联网产业联盟，2017.

[7] 工业互联网产业联盟. 工业互联网平台白皮书（2019）[R]. 工业互联网产业联盟，2019.

[8] 工业互联网产业联盟. 工业互联网垂直行应用报告（2019版）[R]. 工业互联网产业联盟，2019.

[9] 工业互联网产业联盟. 2018年工业互联网案例汇编[G]. 工业互联网产业联盟，2018.

[10] 蔡自兴，谢斌. 机器人学[M]. 北京：清华大学出版社，2015.

[11] 蔡自兴. 机器人学基础[M]. 北京：机械工业出版社，2009.

[12] 张明文. 工业机器人技术基础及应用[M]. 哈尔滨：哈尔滨工业大学出版社，2017.

[13] 张明文. 工业机器人基础与应用[M]. 北京：机械工业出版社，2018.

[14] 张明文. 工业机器人技术人才培养方案[M]. 哈尔滨：哈尔滨工业大学出版社，2017.

[15] 张明文. 工业机器人入门实用教程（ABB机器人)[M]. 2版. 哈尔滨：哈尔滨工业大学出版社，2018.

[16] 张明文. 工业机器人入门实用教程（FANUC机器人)[M]. 哈尔滨：哈尔滨工业大学出版社，2017.

[17] 张明文. 工业机器人入门实用教程（KUKA机器人）[M]. 北京：人民邮电出版社，2020.

[18] 张明文. 工业机器人编程及操作（ABB机器人）[M]. 哈尔滨：哈尔滨工业大学出版社，2017.

[19] 张明文. 工业机器人离线编程[M]. 武汉：华中科技大学出版社，2017.

[20] 张明文. 工业机器人离线编程与仿真（FANUC机器人）[M]. 北京：人民邮电出版社，2020.

[21] 王保军,滕少峰. 工业机器人基础[M]. 武汉:华中科技大学出版社,2015.

[22] 滕宏春. 工业机器人与机械手[M]. 北京:电子工业出版社,2015.

[23] 董春利. 机器人应用技术[M]. 北京:机械工业出版社,2014.

[24] 吴九澎. 机器人应用手册[M]. 北京:机械工业出版社,2014.

[25] 胡伟,陈彬. 工业机器人行业应用实训教程[M]. 北京:机械工业出版社,2015.

观看教学视频

步骤一
登录"技皆知网"
www.jijiezhi.com

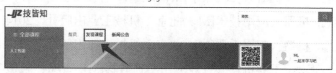

步骤二
搜索教程对应课程

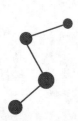

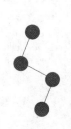

咨询与反馈

尊敬的读者：

　　感谢您选用我们的教程！

　　本书有丰富的配套教学资源，凡使用本书作为教程的教师可咨询有关实训装备事宜。在使用过程中，如有任何疑问或建议，可通过电子邮箱（market@jijiezhi.com）或扫描右侧二维码，提交咨询信息。

（书籍购买及反馈表）

加入产教融合
《应用型人才终身学习计划》

—— 越来越多的**企业**加入

...

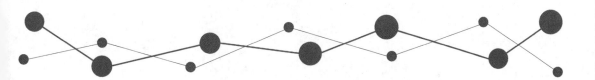

—— 越来越多的**工程师**加入

收获：
- 获得主编席位
- 收获广大读者
- 成为产教融合专家
- 成为行业高技能人才

加入产教融合《应用型人才终身学习计划》
网上购书：www.jijiezhi.com